■ 宁波植物丛书 ■

丛书主编 李根有 陈征海 李修鹏

宁波滨海植物

陈征海 谢文远 李修鹏 等 编著

科学出版社

北京

内 容 简 介

本书由长期从事植物研究的专家，根据多年实地调查的第一手资料编纂而成。收录了宁波市滨海植物163种（包括种下分类群），每种植物均配有精美的彩色照片，同时给出中文名、拉丁学名、科名、保护等级及其形态特征、地理分布、生境、主要用途等文字描述，图文并茂，内容新颖，实用性强。

本书可供林业、园林、环境保护等部门工作者，植物、园林、中医药、风景园林、生态旅游专业师生，自然科普工作者，花卉种植经营者，自然爱好者，户外运动爱好者参考。

图书在版编目（CIP）数据

宁波滨海植物／陈征海等编著. —北京：科学出版社，2017.3

（宁波植物丛书）

ISBN 978-7-03-051851-4

Ⅰ.①宁…　Ⅱ.①陈…　Ⅲ.①滨海–植物–介绍–宁波　Ⅳ.①Q948.525.53

中国版本图书馆CIP数据核字（2017）第033570号

责任编辑：张会格　景艳霞／责任校对：郑金红

责任印制：肖　兴／书籍设计：北京美光设计制版有限公司

科学出版社 出版

北京东黄城根北街16号

邮政编码：100717

http://www.sciencep.com

北京盛通印刷股份有限公司 印刷

科学出版社发行　各地新华书店经销

*

2017年3月第　一　版　开本：889×1194　1/16

2017年3月第一次印刷　印张：23 1/4

字数：758 000

定价：298.00元

（如有印装质量问题，我社负责调换）

《宁波植物丛书》编委会

主　　任　许义平

副 主 任　皇甫伟国　汤社平

委　　员　张冠生　陈亚丹　冯灼华

顾　　问　裘宝林　金孝锋

主　　编　李根有　陈征海　李修鹏

编委（以拼音为序）：

陈　锋　陈煜初　陈征海　冯家浩　金水虎　李根有　李金朝
李修鹏　林海伦　马丹丹　吴家森　夏国华　谢文远　徐绍清
闫道良　叶喜阳　张芬耀　张幼法　章建红　钟泰林

主编单位

宁波市林业局　浙江农林大学　浙江省森林资源监测中心

参编单位

宁波市林特科技推广中心　慈溪市林业局　余姚市农林局
镇海区农业局　江北区农林水利局　北仑区农林局　鄞州区农林局
奉化区农林局　宁海县农林局　象山县农林局　宁波城市职业技术学院

主要外业调查人员

综合组（全市）：李根有（组长）　李修鹏　章建红　林海伦　陈煜初　傅晓强

浙江省森林资源监测中心组（滨海及四明山区域为主）：陈征海（组长）　陈　锋　张芬耀　谢文远　朱振贤　宋　盛

第一组（象山、余姚）：马丹丹（组长）　吴家森　张幼法　杨紫峰　何立平　陈开超　沈立铭

第二组（宁海、北仑）：金水虎（组长）　冯家浩　何贤平　汪梅蓉　李宏辉

第三组（奉化、慈溪）：闫道良（组长）　夏国华　徐绍清　周和锋　陈云奇　应富华

第四组（鄞州、镇海、江北）：叶喜阳（组长）　钟泰林　袁冬明　严春风　赵　绮　徐　伟　何　容

其他参加调查人员

宁波市林业局等单位人员（以拼音为序）

柴春燕　蔡建明　陈芳平　陈荣锋　陈亚丹　崔广元　董建国　范国明　范林洁　房聪玲
冯灼华　葛民轩　顾国琪　顾贤可　何一波　洪丹丹　洪增米　胡聚群　华建荣　皇甫伟国
黄　杨　黄士文　黄伟军　江建华　江建平　江龙表　赖明慧　李东宾　李金朝　李璐芳
林　宁　林建勋　林乐静　林于倢　娄厚岳　陆志敏　毛国尧　苗国丽　钱志潮　邱宝财
裘贤龙　沈　颖　沈生初　汤社平　王立平　王立如　王良衍　王卫兵　汪科继　吴绍荣
向继云　肖玲亚　谢国权　熊小平　徐　敏　徐德云　徐明星　杨荣曦　杨媛媛　姚崇巍
姚凤鸣　伊靖少　尹　盼　余敏芬　余正安　俞雷民　曾余力　张　宁　张富杰　张冠生
张雷凡　郑云晓　周纪明　周新余　朱杰旦

浙江农林大学学生（以拼音为序）

柴晓娟　陈　岱　陈　斯　陈佳泽　陈建波　陈云奇　程　莹　代英超　戴金达　付张帅
龚科铭　郭玮龙　胡国伟　胡越锦　黄　仁　黄晓灯　江永斌　姜　楠　金梦园　库伟鹏
赖文敏　李朝会　李家辉　李智炫　郦　元　林亚茹　刘彬彬　刘建强　刘名香　马　凯
潘君祥　裴天宏　邱迷迷　任燕燕　邵于豪　盛千凌　史中正　苏　燕　童　亮　王　辉
王　杰　王俊荣　王丽敏　王肖婷　吴欢欢　吴建峰　吴林军　吴舒昂　徐菊芳　徐路遥
许济南　许平源　严彩霞　严恒辰　杨程瀚　俞狄虎　臧　毅　臧月梅　张　帆　张　青
张　通　张　伟　张　云　郑才富　朱　弘　朱　健　朱　康　竺恩栋

《宁波滨海植物》编写组

主要编著者

陈征海　谢文远　李修鹏　陈　锋　张幼法　陈煜初

编著者（以拼音为序）

陈　锋　陈煜初　陈征海　冯家浩　何贤平　李修鹏　马丹丹
谢文远　徐绍清　杨紫峰　应顺东　张　青　张芬耀　张幼法

摄　　影（以拼音为序）

陈煜初　陈征海　池方河　丁炳扬　冯家浩　高浩杰　李　超
李根有　李修鹏　林海伦　马丹丹　王国明　王金旺　韦宏金
吴棣飞　谢文远　张宏伟　张幼法

主要编著单位

浙江省森林资源监测中心　宁波市林业局

参编单位

象山县农林局　杭州天景水生植物园有限公司　浙江农林大学
宁海县农林局　慈溪市林业局

作者简介

陈征海
硕士，教授级高级工程师

陈征海，男，1963年9月出生，浙江金华人。1983年7月毕业于浙江林学院林学系林学专业。现任浙江省森林资源监测中心副主任；兼任国家林业局“第二次全国重点保护野生植物资源调查专家技术委员会”委员，浙江省第二次野生植物资源调查专家委员会顾问，浙江省林学会森林生态专业委员会、湿地专业委员会副主任，浙江省植物学会常务理事、资源植物分会副会长，浙江省生态学会生物多样性与自然保护专业委员会、湿地生态专业委员会副主任。先后主持或主要参加完成浙江省野生植物、野生动物、湿地、古树名木、红树林，以及海岛、海岸带植被等多项重大林业自然资源调查与监测研究项目；获浙江省科学技术进步奖二等奖1项，浙江省科学技术奖三等奖2项，林业部科技进步奖三等奖1项，梁希林业科学技术奖三等奖1项，全国优秀工程咨询成果奖三等奖2项，全国林业优秀工程咨询成果奖二等奖2项、三等奖5项。发表学术论文70余篇，SCI收录5篇；出版著作15部，其中主编9部（卷）。研究发表植物新分类群19个，其中，新种7个，新亚种1个。

谢文远
学士，工程师

谢文远，男，1985年12月出生，浙江建德人。2008年毕业于浙江林学院生物技术专业，一直从事植物分类与资源调查工作。浙江省植物学会、生态学会会员。先后参加完成了“浙江省海岛、海岸带植被资源调查”、“第二次全国湿地资源调查浙江省湿地资源调查”、“衢江乌溪江国家湿地公园科学考察”等多个项目的植物资源调查。参与编写《浙江林学院植物名录》、《浙江野菜100种精选图谱》、《浙江省常见树种彩色图鉴》等专著5部；发表Ostericum atropurpureum *sp. nov. (Apiaceae) from Zhejiang, China*、Pseudostellaria tianmushanensis *sp. nov. (Caryophyllaceae) form Zhejiang, China*、《浙江省2种归化植物新记录》、《浙江省湿地维管束植物区系研究》等学术论文20余篇，其中SCI收录2篇。研究发表植物新种2个。获浙江省科技兴林奖一等奖、二等奖各1项。

李修鹏
硕士，教授级高级工程师

李修鹏，男，1970年7月生，浙江宁海人。1992年毕业于浙江林学院森林保护专业。现任宁波市林特科技推广中心副主任；兼任浙江省林学会森林生态专业委员会常委、林业种苗花卉专业委员会和青年工作委员会委员、浙江省植物学会资源植物分会常务理事、宁波市林业园艺学会常务理事兼学术委员会召集人、宁波市林业标准化委员会委员等职。长期从事林木引种驯化、林业种苗和营林技术研究与推广工作，先后主持或作为骨干参与省级和市级重大科技专项、重大（重点）科技攻关项目20余项；获市级以上科技成果奖励20余项次，其中，省部级科技成果奖6项次。发表学术论文40多篇，出版著作2部。先后获全国绿化奖章、浙江省农业科技成果转化推广奖、宁波市第九届青年科技奖、宁波市领军和拔尖人才工程第一层次培养人选等荣誉。

前 言

滨海植物系指最适应海洋性气候、土壤、水文、地形、地貌等环境条件的植物，包括岩质海岸植物、砂质海岸植物、泥质海岸植物、咸水水域植物和滨海丘陵植物。在地理分布上，通常只限于海岛（海岛特有种）和大陆滨海地区，后者的个别种类，可沿水系、山脉零星散布延伸至内陆。

21 世纪是海洋的世纪。浙江省虽然陆域面积很小，却是一个海洋资源大省，宁波作为浙江东部地区的沿海开放城市，拥有辽阔的海域、悠长曲折的海岸线、星罗棋布的海岛，具有得天独厚的“渔、港、景、油、涂”资源组合优势与经济区位优势，同时也拥有类型多样的海岸和丰富多彩的滨海植物。笔者自 20 世纪 80 年代初期即开始涉足浙江滨海地区的植物资源调查研究，积累有丰富的资料，同时也深感滨海地区生境多样，区域性特有植物资源十分丰富、多姿多彩，将它们以图文并茂的形式介绍给大家，是植物学工作者的责任和义务之所在。2012 年，宁波市林业局组织开展植物资源调查，笔者欣然应允加入以浙江农林大学李根有教授为首的团队，对宁波市的植物，尤其是滨海植物开展了全面系统、深入细致的调查研究，基本掌握了宁波地区滨海植物的种类、生境特点、地理分布、开发利用与保护管理状况，并发现了一批中国和浙江的地理分布新记录植物，取得了丰硕的成果。滨海植物不仅是普通意义上的植物资源，维系着滨海丘陵岛屿、海岸湿地生态系统的健康与稳定，有许多还是重要的战略性种质资源、特色旅游资源。期望本书的编纂出版，能为滨海地区植物资源的开发利用、珍稀濒危植物的保护、植物科学知识的普及等方面作出点滴贡献。

本书滨海植物的选择原则是：以典型的滨海特有植物为主，适当收录内陆虽有分布，但在滨海沙质、泥质盐碱地、咸水水域、滨海丘陵饱和红壤等特殊生境常成为群落优势种乃至建群种的植物，或植物表型与内陆已有所区别的植物；以原生植物为主，少量收录原产于海岛及滨海地区的重要栽培植物，以及首先发现于滨海地区，且目前只限于该地区的归化植物。

本书共收录滨海植物 132 种 4 亚种 22 变种 4 变型 1 杂交种，隶属于 66 科 126 属，其中原生植物 118 种 4 亚种 20 变种 4 变型 1 杂交种，隶属于 57 科 115 属；归化植物 14 种 2 变种，隶属于 12 科 14 属。有部分物种为本次调查研究的新发现，包括中国分布新记录植物 7 种 1 变种 1 变型，中国大陆分布新记录植物 3 种 2 变种，华东分布新记录植物 2 种 1 变型，浙江省分布新记录植物 2 种，浙江省归化植物新记录 2 种，田葱科、田葱属分别为浙江省分布新记录科、属。为了便于户外运动爱好者与旅游者野外对照识别、鉴赏，本书按照生境类型对滨海植物进行分类，将它们划分为岩质海岸植物、泥质海岸植物、砂质海岸植物、咸水水域植物和滨海丘陵植物 5 类，其下再按照植物生活型进行排列。值得一提的是，一些滨海植物会出现在多种生境，在这种情况下，作者主要依据野外观察时较常发现该种植物的生境或能成为群落建群种或优势种的生境为主。全书分总论、各论两部分，后附参考文献和中文名、拉丁名索引。为避免混乱，书中滨海植物的中文名，原则上采用《浙江植物志》中的中文名，别名则主要采用通用名、代表性的宁波或浙江地方名。拉丁名既严格参照《中国植物志》、*Flora of China* 等权威专著，同时也参阅了一些最新文献，并进行了认真考订。

本书是全体作者智慧的结晶，它的编纂出版，是集体协作、奉献的结果。在滨海植物野外调查、图片拍摄、文稿撰写、统稿编排的过程中，还得到了宁波市林业局及沿海各县（市、区）和乡镇林业部门有关领导的关心和专业人员的大力支持，在此一并表示衷心的感谢。

由于作者学识水平所限，书中定有疏漏之处，敬请读者不吝指正。

编著者

2015 年 12 月

目 录

总 论

第一节 滨海区域自然概况

一、地理位置

滨海区域，是指海洋与陆地相互接触、相互作用和相互影响的地带，包括大陆海岸带和海岛。海岸带，是海岸线（平均大潮高潮时水陆分界的痕迹线）向陆、海两侧扩展一定宽度的带形区域，它是资源最丰富、区位优势最明显的地带，也是生态脆弱、灾害较多的地带，其生态系统具有复合性、边缘性和活跃性的特征。鉴于海岸带的范围目前在学术上还存在一些争议，本次调查研究参照1979年国务院批准的全国海岸带和海涂资源综合调查的规定，结合维管植物的分布特点，规定：大陆海岸带以海岸线为中心，向陆延伸10km为界，向海侧延伸至潮间带（平均大潮高潮位到平均大潮低潮位之间的区域）。海岛，是指散布于海洋中面积不小于500m^{2}的小块陆地。

宁波市滨海区域自然地理区划示意图

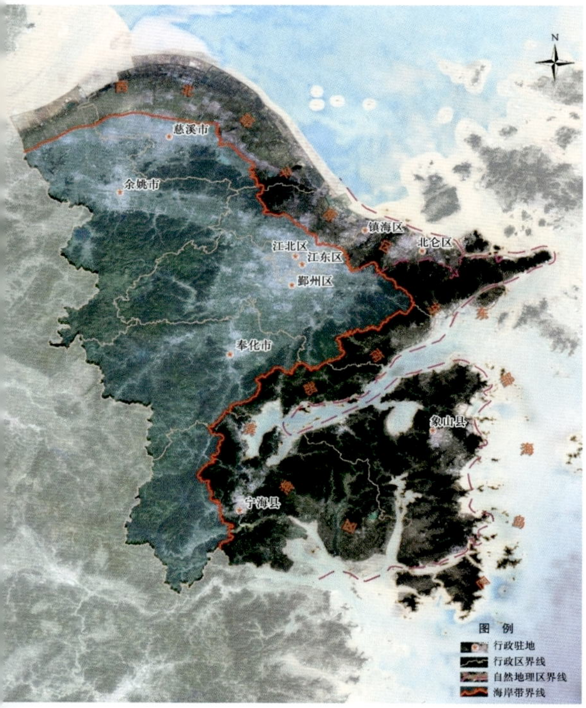

宁波市地处浙江省东部沿海，位于我国大陆海岸线中段。宁波市滨海区域的大地坐标为120°55′～122°16′ E，28°51′～30°33′ N。大陆海岸带，西北起自余姚市的黄家埠镇，向南止于宁海县的一市镇，途经余姚、慈溪、镇海、江北、北仑、鄞州、奉化、宁海、象山9个县（市、区），大陆海岸线长约788.3km，其中人工及淤泥质海岸527.4km，河口海岸17.7km，基岩及沙砾质海岸243.2km；海岸带陆地面积42.93万hm^2，潮间带面积10.4万hm^2。海岛共527个，岸线长度758.6km；海岛陆地面积约2.54万hm^2，潮间带面积7711hm^2（参见宁波市滨海区域自然地理区划示意图）。

二、地形地貌

宁波滨海区域的山脉属于仙霞岭山脉的支脉四明山和天台山，以甬江及其最大支流奉化江为界，其西北部的山脉属于四明山的余脉，涉及余姚、慈溪、镇海3县（市、区）；其东南部的山脉属于天台山余脉。总体地势是东南部高，西北部低。地貌类型多样，地形复杂。根据塑造地貌的营力、组成物质及分布特点，宁波滨海区域的地貌可划分为以下几类。

（一）陆域地貌

1. 侵蚀剥蚀地貌

高丘陵：分布于北仑、鄞州、奉化、宁海、象山的大陆海岸带和南田岛、高塘岛等大岛，最高峰是宁海境内的茶山，古称盖苍山，海拔872.6m，次为象山的东搬山，海拔810.8m；其他较高的山峰有北仑与鄞州共有的太白山（653.3m，为宁波东部最高峰），北仑的九峰山（498m），鄞州金峨山（633m）、福泉山望海峰（556m），象山大雷山（590m）、射箭山（548m）、珠山（541.5m）等。丘陵顶部大多比较平缓，坡度10°～20°，山坡坡度一般25°～35°，局部大于35°。在岩石柱状节理发育地段，常见有陡崖、石柱、独立石等；南田岛尚见有“V”形谷、裂点和瀑布。

低丘陵：是侵蚀剥蚀地貌分布最广的类型。一般海拔为50～200m。除沿海岸一带和岩石柱状节理发育的地段较陡外，坡度一般为15°～30°。由于地势总体比较平缓，人类的经济活动相对较为频繁。

2. 堆积地貌

冲积海积平原：分布于河口两岸和南田岛等大岛的山溪性河流出口处，以杭州湾河口南岸的余姚平原为典型。沉积物粗粉粒含量很高，平原地表坡降小，地势较高，水网不及内陆发育，但多小洼地、人工小池塘，水源多引自上游江河淡水。

海积平原：分布于入海河口两侧，如慈（溪）北、镇（海）北平原等，成陆年代较近，以海积作用为主，其上多浦道和塘河；或分布于穿山半岛、象山半岛等古海湾内，大榭岛、梅山岛、南田岛、高塘岛等大岛的海湾沿岸一带，三面环山，一面临海，海积作用为主，近山边有坡积、洪积影响，地势低平，海拔3m左右，地势略向海倾，坡度＜0.5°，局部达3°以上，地面水网密布，堤塘纵横，局部可见沙堤、沙坝等，如南田岛大沙村的沙滩。

风成沙地：零星分布于象山半岛的东部、南田岛等地。系海滩砂经风短距离搬运，覆盖在海岸至丘陵的斜坡上，多为粉砂或细砂，一般海拔为5～20m，表面呈微波状起伏，坡度5°以上。

（二）岸滩地貌

1. 海岸地貌

海岸地貌是指海岸线向陆一侧至古海岸线，包括潮上带、海岸阶地［包括海积阶地（古海滩）、海蚀阶地（古海蚀台）］。根据成因和组成物质等特性，可分为4类，即岩质海岸、砂质海岸、泥质海岸、人工海岸。岸线总长度达1546.9km，其中，大陆岸线788.3km，岛屿岸线758.6km。

岩质海岸：也称为基岩海岸。受断裂构造控制，岸线曲折，海蚀作用强烈。在迎强风强浪一侧，海蚀地貌发育，主要有海蚀陡崖、海蚀洞、海蚀槽（沟、谷）、海蚀平台、海蚀拱桥等。

砂质海岸：是指有砾石和砂组成的海岸，见于海洋动力强盛的基岩岬角之间，也称为砂砾质海岸。较长的有象山县石浦镇皇城沙滩 (2100m)、丹东街道松兰山沙滩（东沙滩 750m、南沙滩 350m）、爵溪街道白沙湾沙滩、鹤浦镇大文沙沙滩、东陈乡东旦沙滩、涂茨镇长沙沙滩等。砂砾质海岸在宁波市滨海地区较少，仅见于花岙岛的花岙村，以砾石堤的形式出现，与砂砾滩相伴随。

泥质海岸：也称为淤泥质海岸。是由黏土和粉砂组成，同时常伴有淤泥质潮滩。由于人工围垦、港口建设等，此类岸线目前已多被人工海岸所取代。目前天然的淤泥质海岸已不多。

人工海岸：是指人工围涂建筑的海塘（石质）和港口区的护岸海堤。

2. 潮间带地貌

潮间带是指平均大潮高潮位到平均大潮低潮位之间的区域，即涨潮淹没、落潮出露的陆海过渡地带。全市总面积 11.2 万 hm^2。按其物质组成和成因，可分为岩滩（石滩）、海滩（砂砾滩）、潮滩（淤泥滩），其中岩滩是指石质潮间带，海滩系由砾、砂组成的潮间带，两者一般均无高等植物分布。潮滩是指黏土、粉砂组成的潮间带滩地，俗称“海涂”或“泥涂”，按其物质组成分为以下几类。

粉砂黏土滩：主要分布于象山港、三门湾等隐蔽条件较好的海湾内。滩宽 1 ～ 3km，滩坡小于 1‰；组成物质中黏土（粒径 <0.004mm）占 50% 以上，物质细而均一，黏性好；滩面淤涨缓慢，岸滩稳定，潮滩沉积地貌单调，仅有树枝状潮沟。部分滩地长有盐沼植被。

黏土粉砂滩：主要分布于慈溪水云浦以东至象山港北岸，三门湾及梅山岛、南田岛等大岛。滩面也很宽阔，一般宽 1 ～ 6km，滩坡约 1‰，沟垄微地貌发育；组成物质中粉砂（粒径 0.004 ～ 0.63mm）含量超过 50%，最高可达 75%；潮滩沉积地貌相带明显，有高、中、低滩之分。部分滩地长有盐沼植被。

粉砂滩：主要分布于余姚、慈溪水云浦以西和南田岛水糊涂、花岙岛的花岙涂中滩等地。岸滩广阔，最宽可达 10km，坡度平缓，0.3% ～ 0.6%；滩面有潮沟和波痕发育，滩面有着明显季节变化，极不稳定；组成物质中粉砂含量 75% ～ 95%。

三、气候

宁波属于北亚热带湿润季风气候区，太阳辐射条件较好，季风环流明显。在浙江省气候区划上，以澥浦—镇海—瞻岐—丹城—高塘一线为界，西部属于北亚热带夏湿润冬冷区，东部属于北亚热带夏湿润冬暖区。总体气候特征：气温适中，四季分明，雨量充沛，温暖湿润，光热资源丰富。

年均气温 16 ～ 16.5℃，沿海高于内陆，东南部高于西北部。1 月均温 3 ～ 6℃，象山港湾底低于 3℃，镇海、北仑及象山半岛和岛屿高于 5℃；7 月均温 26 ～ 28℃，由西往东递减。无霜期 230 ～ 240d；≥ 10℃活动积温 5000 ～ 5300℃，由西北向东南、由西向东渐增。多数地区的年降水量为 1300 ～ 1600mm，总体上南部大于北部、内陆大于沿海，三门湾底最大，达 1600mm 以上，西北部平原和外海岛屿较小，为 1200 ～ 1300mm。降水的年际变化较大，降水量年内分配不均，年内分配呈双峰形，第一雨期为 3 ～ 7 月的春雨连梅雨，其中 3 ～ 5 月春雨量占年总雨量的 26.5%，6 ～ 7 月梅雨占 24.5%；第二雨期为 8 ～ 9 月的台风雨，多狂风暴雨，占 24.5%。年均蒸发量 1300 ～ 1500mm。相对湿度 79% ～ 81%，以象山港湾底最大，达 81% 以上，西北部滨海平原、三门湾较小，低于 80%。年日照时数 1927.8h，太阳辐射总量在 109.5 kcal①/（cm^2·a）。年均风速 3 ～ 7m/s，由西向东渐增，大陆海岸带以象山石浦的风速最大，年均 5.4m/s，最大达 40m/s。

宁波属于台风次重影响区，年均 1.8 次，影响期 5 ～ 11 月，其中 8 ～ 9 月为集中影响期。其他灾害性天气还有高温和干旱、春秋季低温、连阴雨和冰雹等。

四、海洋水文

宁波沿海是江浙沿岸流和台湾暖流交汇、交替消长的锋面区，加上各地地理条件的差异，海洋水文要素变化较大。

潮流属正规半日潮流区，然而浅海分潮流较大，故也称为不正规浅海潮流。平均海平面北高南低；潮差平均 2 ～ 5m，以镇海—舟山一带为最低，最大潮差发生在杭州湾、三门湾。海水温度冬低夏高、北低南高，表层多年平均水温 17.0 ～ 19.0℃，全年平均 17.9℃；年变幅为 20.0℃。海水盐度具有冬低夏高、北低南高、内低外高的分布特征；冬季沿岸区盐度 < 24，夏季除河口附近仍为低盐水外，一般盐度较高，其中象山半岛为 30。海水悬沙浓度呈北高南低、内高外低和冬高夏低的分布规律，河口感潮河段一般年平均含沙量 1 ～ 5kg/m^3，最高含沙区为慈溪庵东前沿的杭州湾水域，实测值达 10kg/m^3；悬沙输送方向，冬往南夏往北，港湾区则表出底进居多；杭州湾既接纳长江来沙，又将悬沙输往舟山水域。

台风暴潮是沿海重灾因子，最大风暴增水可逾 2m。

五、土壤

在中国土壤地理分区上，宁波市属于江南红壤、黄壤水稻土大区。滨海区域的主要土壤类型有滨海盐土、风砂土、潮土、红壤、粗骨土、沼泽土等土类。

（一）滨海盐土

滨海盐土是指 1m 土体内含盐量大于 0.1% 的一类土壤，分布于海岸线的内、外两侧，是滨海区域土壤的主要类型之一。

1）潮滩盐土：分布于海岸线外侧的潮间带，受海水周期性间歇浸淹，含盐量高，平

① 1cal=4.19J，下同。

均达 1.3%，离子组成以 Na^+ 和 Cl^- 为主，pH 为 7.9 ～ 8.6。仅滩涂泥 1 个土属，土种有砾石滩涂、砂涂、粗粉砂涂、泥涂和黏涂等，其中泥涂、黏涂和部分粗粉砂涂上常见有盐沼生植被分布，而砾石滩涂、砂涂均为光滩。

2）滨海盐土：分布于海岸线内侧，多为新围垦不久的海涂，1m 土体的含盐量 0.1% ～ 1.0%，平均 0.38%。有涂泥及咸泥 2 个土属，共有涂砂、涂泥、涂黏以及轻、中、重咸砂（咸泥、咸黏）等土种，自然植被多为稀疏的盐生草丛、盐沼生植被或为光滩。

（二）风砂土

仅见于象山县皇城沙滩、松兰山沙滩、白沙湾沙滩、大文沙沙滩、东旦沙滩、长沙沙滩等沙滩内侧的迎风山坳或山坡丘前。仅滨海风砂土 1 个亚类，飞砂土 1 个土属，飞砂土 1 个土种。土体由风力吹蚀、搬运和堆积而成，具有明显的风积交叉层理，成土母质为风积物。土体上下一致，剖面层次分划不清，土体构型 A-C 型。土壤颗粒以中砂和细砂为主，质地为松砂土至紧砂土，pH 6.2 ～ 7.1，中性为主，土壤有机质和全氮、全磷含量均较贫乏。以灌草丛植被为主，也常栽有人工防护林带。

（三）潮土

分布于滨海平原。仅灰潮土 1 个亚类，淡涂泥 1 个土属，下属滨海砂土、淡涂砂、淡涂泥、淡涂黏等土种。成土母质为浅海相或河海相沉积物，由滨海盐土脱盐后发育而成，多为耕地土壤，剖面发育良好，厚度 1m 以上，土壤颗粒较匀细，pH 7.6 ～ 8.5，1m 土体全盐量已降至 1.0%。因人为耕作熟化，表层有机质含量比滨海盐土高，平均达 1.61%，速效磷、速效钾均较丰富。现状植被主要为大田作物群落和人工防护林、经济林。

（四）红壤

红壤遍布于滨海区域的丘陵山坡，成土母质为各种岩石风化体，有红壤、红壤性土、饱和红壤、黄红壤 4 个亚类，其中与滨海植物关系紧密的为饱和红壤亚类。

饱和红壤分布于四面环海的岛屿，因受海风、海浪和海雾的影响，富含钾、钠、钙、镁等盐基离子的海水易覆盖其上，对土壤起到一个自然复盐基的作用。盐基饱和度 50% ～ 99%，并呈现 A 层 > [B] 层 > C 层。饱和红壤下属棕红泥土、棕黄泥土、砂黏质棕红泥等土属，棕红泥土、棕红泥砂土、棕黄泥土、棕黄泥砂土、棕黄砾泥、砂黏质棕红泥等土种。以微酸性为主，pH 5.5 ～ 6.5，土壤有机质、全氮、全磷含量中等。

（五）粗骨土

广泛分布于滨海区域的丘陵山坡中上部、山脊岗背陡坡处。成土母质为各种岩石风化体，因所处地坡度陡，雨水冲刷侵蚀严重而形成，显示其粗骨性。剖面发生型为A-C型，A层为遭侵蚀的次生表层，土体浅薄而疏松，厚度一般不及20cm，C层为母岩碎屑或风化壳，砾石含量高，质地为重石质土至中石质中壤土。与滨海植物相关的主要有中性粗骨土、磷质粗骨土2个亚类。

1）中性粗骨土：分布于面朝东北向的山麓坡地和远离陆岸、海拔较低的海岛。下属棕白岩砂土、棕石砂土2个土属，棕白岩砂土、棕石砂土2个土种。由于受带盐分的海风、盐雾的强烈影响，存在复盐基过程，pH 5.5～6.5，盐基饱和度达85.9%。

2）磷质粗骨土：分布在离大陆较远的孤岛，如韭山列岛的将军帽岛。下属磷质石砂土1个土属，磷质石砂土1个土种。理化性质基本同中性粗骨土，由于鸟类在岛上栖息，有机质、全磷、速效磷含量特别高。

（六）沼泽土

分布于滨海平原新围垦区的咸水湖泊、河流、沟渠、养殖塘中或季节性积水的低洼湿地。自然植被主要为盐沼生植被、水生植物群落。仅淤泥沼泽土1个土属，潜育化和腐泥化是其成土过程特点。

六、植被

在《中国植被》区划中，宁波市滨海区域属于亚热带常绿阔叶林区域——东部（湿润）常绿阔叶林亚区域——中亚热带常绿阔叶林地带北部亚地带，浙闽山丘甜槠 - 木荷林区。地带性植被为常绿阔叶林。

由于开发历史悠久、人类活动频繁，绝大部分原生森林植被已被次生植被和人工植被代替。在丘陵区和海岛，目前仅在古刹附近如北仑区的九峰山，象山县泗州头镇的灵岩山、定塘镇的小灵岩、高塘岛乡的大鼻头山等，部分风景名胜区如爵溪街道的松兰山景区等，以及一些偏远地区，如象山县黄避岙乡鲁家岙村的黄大山等，韭山列岛、渔山列岛等偏远海岛基岩海岸的海湾岬角，尚残留有小面积接近原生状态的常绿阔叶林、常绿阔叶灌丛，其他区域则主要被马尾松 *Pinus massoniana* 林、杉木 *Cunninghamia lanceolata* 林和黑松 *Pinus thunbergii* 林等人工针叶林、针阔混交林、经济林所替代；在滨海平原区，除了河流、堤岸两侧尚有水生植被、沼生植被以外，现状植被主要为人工的水稻 *Oryza sativa*、蔬菜、棉花 *Gossypium* spp. 等大田作物群落，柑橘 *Citrus* spp.、葡萄 *Vitis* spp. 等人工经济林，以及木麻黄 *Casuarina* spp. 林带、意杨 *Populus* × *canadensis* 林带等人工防护林；在潮滩，常见有芦苇 *Phragmites australis*、互花米草 *Spartina alterniflora*、盐地鼠尾粟 *Sporobolus virginicus*、海三棱藨草 ×*Bolboschoenoplectus mariqueter* 等盐沼植被。

第二节　滨海植物区系

一、区系概况

（一）种类组成

宁波市共有滨海植物132种、4亚种、22变种、4变型、1杂种，隶属于66科126属，其中，原生植物118种、4亚种、20变种、4变型、1杂种，隶属于57科115属；归化植物14种、2变种，隶属于12科14属。各分类群的区系组成情况详见表1。

表1　滨海植物区系组成

分类群			科	比例/%	属	比例/%	种	比例/%
蕨类植物			2	3.0	2	1.6	4	2.5
种子植物	裸子植物		1	1.5	1	0.8	1	0.6
	被子植物	小计	63	95.5	123	97.6	158	96.9
		双子叶植物	54	81.8	90	71.4	116	71.1
		单子叶植物	9	13.7	33	26.2	42	25.8
	合计		64	97.0	124	98.4	159	97.5
总计			66	100.0	126	100.0	163	100.0

注：种含种下分类等级，下同。

1. 科级分析

宁波原生的滨海植物隶属于57科，根据各科所包含的种数多少，可分成不同等级（表2）。宁波滨海植物单种科、寡种科分别为29个和25个，分别占总科数的50.9%和43.9%；小型科仅3个，占5.2%；缺乏大型科和中等科。就包含的属数、种数而言，寡种科占据重要地位，是滨海植物区系的主要组成部分，共有60属82种，分别占总属数、种数的52.2%、55.8%（表2）。

表2　原生滨海植物科级统计

级别（种 数）	科		属		种	
	数目	比例/%	数目	比例/%	数目	比例/%
大型科（＞50种）	0	0.0	0	0.0	0	0.0
中等科（21～50种）	0	0.0	0	0.0	0	0.0
小型科（10～20种）	3	5.2	26	22.6	36	24.5
寡种科（2～9种）	25	43.9	60	52.2	82	55.8
单种科（1种）	29	50.9	29	25.2	29	19.7
合计	57	100.0	115	100.0	147	100.0

2. 属级分析

宁波原生的滨海植物缺乏大型属、中等属和小型属。单种属占优势，是滨海植物区系的主要组成部分，计 93 属，占总属数的 80.9%，所包含的种，也占到滨海植物总种数的 63.3%；寡种属 22 个，占 19.1%，其所含种数，占滨海植物总种数的 36.7%（表 3）。

表 3 原生滨海植物属级统计

级别（种 数）	属		种	
	数 目	比 例/%	数 目	比 例/%
大型属（≥20种）	0	0.0	0	0.0
中等属（10～19种）	0	0.0	0	0.0
小型属（6～9种）	0	0.0	0	0.0
寡种属（2～5种）	22	19.1	54	36.7
单种属（1种）	93	80.9	93	63.3
合计	115	100.0	147	100.0

（二）生活型

宁波市滨海植物以草本植物为主，共 103 种（含种下分类群，下同），占总数的 63.2%；木本植物 60 种，占总数的 36.8%。草本植物中，多年生草本 73 种，占草本植物总数的 70.9%；其次为一年生草本，占草本植物总数的 18.4%。木本植物中，乔木、灌木各 25 种，分别占木本植物总数的 41.7%；以常绿成分为主，共 41 种，占木本植物总数的 68.3%，落叶成分比例小（表 4）。

表 4 滨海植物生活型组成

生 活 型		种 数	比 例/%
木本植物	常绿乔木	16	9.8
	落叶乔木	9	5.5
	常绿灌木	18	11.0
	落叶灌木	7	4.3
	常绿藤本	7	4.3
	落叶藤本	3	1.9
	小 计	60	36.8
草本植物	一年生	19	11.7
	二年生	8	4.9
	多年生	73	44.8
	草质藤本	3	1.8
	小 计	103	63.2
合计		163	100.0

二、地理成分

（一）科级

根据吴征镒的《种子植物分布区类型及起源和分化》一书，可将宁波滨海地区自然分布的 57 个科，划分为 7 个分布类型，其中世界分布的有 25 科（序号 1），占 43.9%，热带成分的有 25 科（序号 2 ～ 7），占 43.9%，温带成分的有 7 科（序号 8 ～ 15），占 12.2%，说明宁波滨海植物区系科的分布区类型以世界广布和热带成分占优势，体现了科的热带起源特征。

在各类热带成分中，以泛热带分布的科高居榜首，计 19 科，占 59.4%（不包括世界分布的科，下同）。代表的科有鳞毛蕨科 Dryopteridaceae、胡椒科 Piperaceae、荨麻科 Urticaceae、番杏科 Aizoaceae、防已科 Menispermaceae、芸香科 Rutaceae、大戟科 Euphorbiaceae 等；其次为热带亚洲和热带美洲间断分布，计 3 科，占 9.4%，分别为冬青科 Aquifoliaceae、五加科 Araliaceae 和马鞭草科 Verbenaceae。此外，热带亚洲至热带大洋洲分布有 2 科，为虎皮楠科 Daphniphyllaceae 和田葱科 Philydraceae，旧世界热带分布仅为海桐花科 Pittosporaceae 1 科。

温带成分的类型较简单，仅有北温带分布和旧世界温带分布 2 个类型，以北温带分布占首位，计 6 科，占 18.8%，分别为罂粟科 Papaveraceae、金缕梅科 Hamamelidaceae、槭树科 Aceraceae、胡颓子科 Elaeagnaceae、山茱萸科 Cornaceae、百合科 Liliaceae。旧世界温带分布 1 科，为柽柳科 Tamaricaceae（表 5）。

表 5　原生滨海植物科、属、种的分布区类型

序号	分 布 区 类 型	科	比例/%	属	比例/%	种	比例/%
1	世界分布	25	/	17	/	5	/
2	泛热带分布	19	59.4	27	27.6	5	3.5
3	热带亚洲和热带美洲间断分布	3	9.4	2	2.0	/	/
4	旧世界热带分布	1	3.1	5	5.1	3	2.1
5	热带亚洲至热带大洋洲分布	2	6.2	3	3.1	3	2.1
6	热带亚洲至热带非洲分布	/	/	2	2.0	/	/
7	热带亚洲分布	/	/	11	11.2	17	12.0
8	北温带分布	6	18.8	22	22.5	5	3.5
9	东亚和北美洲间断分布	/	/	2	2.0	/	/
10	旧世界温带分布	1	3.1	10	10.2	6	4.2
11	温带亚洲分布	/	/	3	3.1	/	/
12	地中海、西亚至中亚分布	/	/	1	1.0	/	/
13	中亚分布	/	/	/	/	4	2.8
14	东亚分布	/	/	10	10.2	73	51.4
15	中国特有分布	/	/	/	/	26	18.4
	合 计	57	100.0	115	100.0	147	100.0

注：序号 2 ～ 15 的比例为扣除世界分布后的总数计算。

（二）属级

宁波滨海地区自然分布的115属可划分为13个分布类型，其中世界分布有17属，占14.8%，热带成分有50属，占43.5%，温带成分有48属，占41.7%。属的分布区类型中，热带成分与温带成分比例相当，体现出南北交汇的特征。

在各类热带成分中，以泛热带分布的属居首位，计27属，占27.6%（不包括世界分布的属，下同）。代表类群有刀豆属 *Canavalia*、冬青属 *Ilex*、耳草属 *Hedyotis*、番杏属 *Tetragonia*、甘蔗属 *Saccharum*、厚皮香属 *Ternstroemia*、胡椒属 *Piper*、花椒属 *Zanthoxylum*、稷属 *Panicum* 等；其次为热带亚洲分布，计11属，占11.2%，如润楠属 *Machilus*、蚊母树属 *Distylium*、石斑木属 *Rhaphiolepis*、金橘属 *Fortunella*、山茶属 *Camellia*、鳝藤属 *Anodendron*、鸡矢藤属 *Paederia*、钗子股属 *Luisia* 等。其他热带分布的属有：热带亚洲和热带美洲间断分布2属，为柃属 *Eurya* 和樟属 *Cinnamomum*；旧世界热带分布5属，为海桐花属 *Pittosporum*、牛膝属 *Achyranthes*、千金藤属 *Stephania*、束尾草属 *Phacelurus* 和野桐属 *Mallotus*；热带亚洲至热带大洋洲分布3属，为结缕草属 *Zoysia*、田葱属 *Philydrum* 和新木姜子属 *Neolitsea*；热带亚洲至热带非洲分布2属，为贯众属 *Cyrtomium* 和爵床属 *Justicia*。

在各类温带成分中，以北温带分布占优势，有22属，占22.5%，如百合属 *Lilium*、百金花属 *Centaurium*、葱属 *Allium*、打碗花属 *Calystegia*、独活属 *Heracleum*、杜鹃属 *Rhododendron*、胡萝卜属 *Daucus*、胡颓子属 *Elaeagnus*、碱菀属 *Tripolium* 等；其次为旧世界温带分布与东亚分布，两者各有10属，旧世界温带分布的属有柽柳属 *Tamarix*、鹅绒藤属 *Cynanchum*、假牛鞭草属 *Parapholis*、苦苣菜属 *Sonchus*、萝卜属 *Raphanus*、马甲子属 *Paliurus*、女贞属 *Ligustrum*、前胡属 *Peucedanum* 等，东亚分布的属有风兰属 *Neofinetia*、芙蓉菊属 *Crossostephium*、假还阳参属 *Crepidiastrum*、沙苦荬属 *Chorisis*、石蒜属 *Lycoris*、四照花属 *Dendrobenthamia* 等。此外，东亚和北美间断分布的有2属，为胡枝子属 *Lespedeza* 和珊瑚菜属 *Glehnia*；温带亚洲分布的有3属，为狗娃花属 *Heteropappus*、马兰属 *Kalimeris* 和诸葛菜属 *Orychophragmus*；地中海、西亚至中亚分布的仅常春藤属 *Hedera* 1属（表5）。

（三）种级

迄今为止，对于种的分布类型尚未见权威的分析方法。但对于局部地区或山体，分析种的分布类型多套用属的分布区类型，这种把地理成分和发生成分相联合的分析方法，依然被认为行之有效。宁波滨海区系自然分布的147种可划分成10个分布类型，其中世界分布的有5种，占3.4%，热带成分有28种，占19.0%，温带成分有114种，占77.6%。说明宁波滨海植物区系种的分布区类型以温带成分为主。

从区系的发生和环境背景来看，这些成分或分布型可以分为以下4类主要成分（不包括世界分布型）。

枝子、金豆、平翅三角枫 *Acer buergerianum* var. *horizontale*、雁荡三角枫 *A. buergerianum* var. *yentangense*、柽柳 *Tamarix chinensis*、野胡萝卜、普陀杜鹃、鹅绒藤 *Cynanchum chinense*、细叶砂引草、羽裂毡毛马兰 *Kalimeris shimadai* form. *pinnatifida*、假牛鞭草、狭叶束尾草 *Phacelurus latifolius* var. *angustifolius*、中华结缕草 *Zoysia sinica*、海三棱藨草、黄花百合、换锦花 *Lycoris sprengeri*、大花无柱兰 *Amitostigma pinguicula*、纤叶钗子股 *Luisia hancockii* 等 22 种，占共有种总数的 15.7%，说明浙江滨海地区与日本－韩国和我国台湾的植物区系既有联系，又有一定程度的区别。值得注意的是，尖头叶藜、白花石竹、圆头叶桂、日本琉璃草、田葱、朝鲜韭、琉球虎皮楠 7 种目前尚未见于浙江其他滨海地区，其中圆头叶桂、日本琉璃草在中国仅见于此，这在一定程度上说明，宁波滨海地区的植物区系，在浙江乃至中国滨海地区尚有其独特的地位。

2）与日本－韩国和我国台湾：三地共有的植物有披针贯众、风藤、矮小天仙果、天仙果、灰绿藜、千金藤、舟山新木姜子、蓝花子 *Raphanus sativus* var. *raphanistroides*、光叶蔷薇、海刀豆、椿叶花椒、岩大戟 *Euphorbia jolkinii*、全缘冬青、马甲子 *Paliurus ramosissimus*、滨柃 *Eurya emarginata*、日本厚皮香、大叶胡颓子 *Elaeagnus macrophylla*、珊瑚菜 *Glehnia littoralis*、滨海前胡 *Peucedanum japonicum*、小茄 *Lysimachia japonica*、滨海珍珠菜、肾叶打碗花 *Calystegia soldanella*、肉叶耳草、茵陈蒿、滨蒿 *Artemisia fukudo*、沙苦荬 *Chorisis repens*、大吴风草 *Farfugium japonicum*、剪刀股 *Ixeris japonica*、卤地菊、川蔓藻 *Ruppia maritima*、篦齿眼子菜 *Stuckenia pectinata*、角果藻 *Zannichellia palustris*、芦苇、扁秆荆三棱 *Bolboschoenus planiculmis*、砂钻薹草 *Carex kobomugi*、矮生薹草 *C. pumila*、糙叶薹草 *C. scabrifolia*、滨海薹草 *C. wahuensis* subsp. *robusta*、华克拉莎 *Cladium jamaicence* subsp. *chinense*、独穗飘拂草、绢毛飘拂草、双穗飘拂草 *Fimbristylis subbispicata*、普陀南星 *Arisaema ringens* 43 种，占宁波滨海植物总种数的 29.3%，说明三地在植物区系上有着密切的联系。

3）与日本－韩国：共 109 种，占宁波滨海植物总种数的 74.1%，其中仅见于宁波和日本－韩国，而不见于我国台湾的有海岛桑、尖头叶藜、盐角草、无翅猪毛菜、盐地碱蓬、碱蓬、南方碱蓬、石竹、白花石竹、拟漆姑、圆头叶桂、滨海黄堇 *Corydalis heterocarpa* var. *japonica*、藓状景天 *Sedum polytrichoides*、海桐、圆叶小石积、海滨香豌豆、日本花椒、海滨木槿 *Hibiscus hamabo*、柃木 *Eurya japonica*、菱叶常春藤 *Hedera rhombea*、短毛独活 *Heracleum moellendorffii*、东瀛四照花、日本女贞 *Ligustrum japonicum*、小叶蜡子树 *Ligustrum obtusifolium* subsp. *microphyllum*、麦家公、日本琉璃草、南方紫珠、日本荠苧、滨海鸡矢藤 *Paederia scandens* var. *maritima*、南牡蒿 *Artemisia eriopoda*、普陀狗娃花 *Heteropappus arenarius*、匍茎苦菜、碱菀、鸭嘴草 *Ischaemum aristatum* var. *glaucum*、束尾草 *Phacelurus latifolius*、沙滩甜根子草、弱锈鳞飘拂草 *Fimbristylis sieboldii*、朝鲜韭、阔叶沿阶草 *Ophiopogon jaburan*、水仙 *Narcissus tazetta* var. *chinensis*、风兰 *Neofinetia falcata* 41 种。

4）与我国台湾：共 83 种，占宁波滨海植物总种数的 56.5%。其中仅见于宁波和台湾，而不见于日本－韩国的有爱玉子、土牛膝 *Achyranthes aspera*、基隆蝇子草、台湾蚊母树、毛柱郁李、密刺硕苞蔷薇 *Rosa bracteata* var. *scabriacaulis*、小叶葡萄、疏节过路黄

Lysimachia remota、百金花、密毛爵床、龙爪茅、铺地黍、沟叶结缕草 13 种。

上述分析表明，宁波滨海地区的植物区系与浙江其他滨海地区最为紧密，次为日本 - 韩国，再次为台湾。

（二）地理替代种分析

除了共有种之外，宁波滨海地区与日本、韩国和我国台湾之间还存在诸多的地理替代种（变种、亚种），如天竺桂 *Cinnamomum japonicum*（日本、韩国）、*C. tenuifolium* form. *nervosum*（日本、韩国；中国台湾）与普陀樟 *C. japonicum* var. *chenii*（宁波、舟山，上海）；小叶葡萄 *Vitis sinocinerea*（舟山、宁波、台州、温州等地；江苏、福建、台湾等省）与 *V. ficifolia* var. *lobata*、*V. ficifolia* var. *izu-insularis*(日本)；菱叶常春藤 *Hedera rhombea*(日本、韩国；舟山、宁波、台州等地）与台湾常春藤 *H. rhombea* var. *formosana*（中国台湾）；日本琉璃草 *Cynoglossum asperrimum*（日本、韩国；宁波）与台湾琉璃草 *C. formosanum*（日本；中国台湾）；普陀狗娃花 *Heteropappus arenarius*（舟山、宁波、台州、温州等地，福建；日本）与台湾狗娃花 *H. oldhami*（中国台湾）；羽裂毡毛马兰 *Kalimeris shimadai* form. *pinnatifida*（舟山、宁波、台州、温州）与羽裂马兰 *K. pinnatifida*（日本）、*K. yomena*（日本）等，不胜枚举。这些地理替代种，也在一定程度上反映了三地滨海植物区系的联系和区别。

第三节 滨海植物分布

一、按地域分布

（一）按行政区域

宁波市滨海区域涉及 9 个县（市、区）。各行政区域的滨海植物组成详见表 6。

表 6 原生滨海植物按县级行政区划单元分布

类群		全市	慈溪	余姚	镇海	江北	北仑	鄞州	奉化	宁海	象山
科	数目	57	32	20	32	12	40	30	33	38	57
	比例/%	100.0	56.1	35.1	56.1	21.1	70.2	52.6	57.9	66.7	100.0
属	数目	115	51	30	45	14	57	47	53	60	110
	比例/%	100.0	44.3	26.1	39.1	12.2	49.6	40.9	46.1	52.2	95.7
种	数目	147	55	34	50	15	65	52	63	74	141
	比例/%	100.0	37.4	23.1	34.0	10.2	44.2	35.4	42.9	50.3	95.9

由表 6 可知，象山县是宁波市滨海植物最为丰富的县，共有 141 种，隶属于 57 科 110 属，分别占全市滨海植物科、属、种总数的 100.0%、95.7%、95.9%，这与该县海岸线曲折悠长、海岸类型齐全、拥有众多的岛屿尤其是外海岛屿紧密相关。宁海县、北仑区和奉化市次之；再次为慈溪、鄞州和镇海；余姚和江北较为贫乏，这与它们地处北部平原、生境类型单一有关。

（二）按自然地理区域

在浙江自然地理区划中，宁波市地处北部平原区（Ⅰ）、东部丘陵区（Ⅳ）、滨海区（Ⅵ）3 个自然地理区，其中海岸带主要涉及Ⅰ、Ⅵ区。根据宁波市滨海区域的自然地理特点，可划分为 3 个地理单元（详见宁波市滨海区域自然地理区划示意图）。

1. 西北部平原区（A）

地处宁波市西北部，在浙江地理区划中属于北部平原区（Ⅰ），属于大陆海岸带范畴，行政区域涉及余姚、慈溪、镇海、江北、鄞州和北仑。该区是宁波市滨海植物相对贫乏的区域，共有 59 种，隶属于 33 科 52 属。其中全缘贯众、天仙果、狭叶尖头叶藜、灰绿藜、南方碱蓬、碱蓬、盐地碱蓬、土牛膝、石竹、拟漆姑、千金藤、红楠、蓝花子、藓状景天、海桐、厚叶石斑木、密刺硕苞蔷薇、椿叶花椒、日本野桐、冬青卫矛、海岸卫矛 *Euonymus tanakae*、雁荡三角枫、小叶葡萄、柃木、菱叶常春藤、野胡萝卜、滨海前胡、普陀杜鹃、滨海珍珠菜、肾叶打碗花、单叶蔓荆、滨海鸡矢藤、茵陈蒿、滨海假还阳参 *Crepidiastrum lanceolatum*、大吴风草、普陀狗娃花、羽裂毡毛马兰、匍茎苦菜、碱菀、川蔓藻、篦齿眼子菜、角果藻、芦苇、盐地鼠尾粟、糙叶薹草、滨海薹草、弱锈鳞飘拂草、换锦花 48 种为 A、B、C 三区共有；而盐角草未见于 B、C 区，大叶胡颓子与 C 区共有但未见于 B 区，平翅三角枫、柽柳、百金花、鹅绒藤、南牡蒿、假牛鞭草、束尾草、海三棱藨草、扁秆荆三棱 9 种与 B 区共有但未见于 C 区。

2. 东南部滨海区（B）

地处宁波市东南部，在浙江地理区划中属于滨海区（Ⅵ），属于大陆海岸带范畴，行政区域涉及北仑、鄞州、奉化、宁海和象山。该区是宁波市滨海植物次丰富的区域，共有 110 种，隶属于 49 科 89 属。其中无翅猪毛菜、舟山新木姜子、日本厚皮香、东瀛四照花、蓝花琉璃繁缕 *Anagallis arvensis* form. *coerulea*、疏节过路黄、中华补血草 *Limonium sinense*、日本百金花 *Centaurium japonicum*、滨蒿、蟛蜞菊、龙爪茅、华克拉莎、田葱、黄花百合、风兰 15 种未见于 A、C 区；披针贯众、风藤、爱玉子、洞头水苎麻、火炭母草 *Polygonum chinense*、番杏、基隆蝇子草、普陀樟、台湾蚊母树、毛柱郁李、光叶蔷薇、海滨香豌豆、金豆、全缘冬青、马甲子、海滨木槿、红山茶 *Camellia japonica*、滨柃、小茄、小叶蜡子树、鳝藤、麦家公、日本荠苎、沙苦荬、芙蓉菊 *Crossostephium chinense*、剪刀股、鸭嘴草、狭叶束尾草、沙滩甜根子草、中华结缕草、砂钻薹草、矮生薹草、绢毛飘拂草、双穗飘拂草、朝鲜韭、山菅、大花无柱兰、纤叶钗子股 38 种与 C 区共有但未见于 A 区；平翅三角枫、柽柳、百金花、鹅绒藤、南牡蒿、假牛鞭草、束尾草、海三棱藨草、扁秆荆三棱 9 种与 A 区共有但未见于 C 区。

3. 东部岛屿区（C）

地处宁波市东部，在浙江地理区划中属于滨海区（Ⅵ），属于海岛范畴，行政区域涉及北仑、奉化、宁海和象山。该区是宁波市滨海植物最丰富的区域，共有 122 种，隶属于 52 科 97 属。其中大叶胡颓子与 A 区共有；阔片乌蕨 *Odontosoria biflora*、锐齿贯众、矮小天仙果、海岛桑、尖头叶藜、刺沙蓬、白花石竹、圆头叶桂、滨海黄堇、铺散诸葛菜、台湾景天、日本景天 *Sedum japonicum*、圆叶小石积、海刀豆、短叶胡枝子、日本花椒、岩大戟、台闽算盘子、琉球虎皮楠、珊瑚菜、短毛独活、多枝紫金牛 *Ardisia sieboldii*、日本女贞、日本琉璃草、细叶砂引草、南方紫珠、密毛爵床、肉叶耳草、卤地菊、铺地黍、沟叶结缕草、独穗飘拂草、普陀南星、阔叶沿阶草、水仙 35 种仅见于 C 区。

由表 7 可知，滨海区（B+C 区）是滨海植物最富集的区域，共有 146 种，隶属于 57 科 114 属，仅盐角草 1 种未见于本区。就大陆海岸带和海岛而言，两者基本相当。

表 7　原生滨海植物按自然地理区划单元分布

类群		全市	大陆海岸带（A+B区）	滨海区（B+C区）	西北部平原区（A区）	东南部滨海区（B区）	东部岛屿区（C区）
科	数目	57	51	57	33	49	52
	比例/%	100.0	89.5	100.0	57.9	86.0	91.2
属	数目	115	92	114	52	89	97
	比例/%	100.0	80.0	99.1	45.2	77.4	84.3
种	数目	147	112	146	59	110	122
	比例/%	100.0	76.2	99.3	40.1	74.8	83.0

二、按生境分布

生境是指生物的个体、种群或群落生活地域的环境，由生物和非生物因子综合形成，包括气候、地形地貌、土壤、水文、植被等因子。由于宁波海岸带大的气候环境相对一致，滨海植物的分布与地形地貌、土壤、水文等因子的关系显得更为密切。根据滨海植物的分布特点，以地形地貌、土壤为主要依据，结合陆地水文特点，将滨海植物的生境类型分为岩质海岸、泥质海岸、砂质海岸、咸水水域、滨海丘陵 5 类。

值得一提的是，有许多滨海植物生态幅度宽广，可以出现在多种生境。

（一）岩质海岸植物

岩质海岸植物是指分布于基岩海岸线向陆一侧的潮上带、海岸阶地（浪花飞溅区）上的植物，其土壤主要为粗骨土、饱和红壤和岩秃。共计 84 种，隶属于 43 科 70 属。常见的草本植物有：全缘贯众、锐齿贯众、尖头叶藜、洞头水苎麻、石竹、白花石竹、基隆蝇子草、台湾景天、日本景天、藓状景天、岩大戟、滨海前胡、滨海珍珠菜、中华补血草、肉叶耳草、卤地菊、茵陈蒿、滨海假还阳参、普陀狗娃花、双穗飘拂草、滨海薹草、山菅、阔叶沿阶草等；灌木有海桐、厚叶石斑木、毛柱郁李、冬青卫矛、马甲子、滨柃、日本厚皮香、多枝紫金牛、芙蓉菊等；小乔木有圆头叶桂、平翅三角枫等；藤本植物有光叶蔷薇、圆叶小石积、海刀豆、菱叶常春藤等。

在海岸阶地平缓处，土壤以粗骨土、饱和红壤为主的地带，一些通常见于海滨丘陵山坡的植物有时也见有分布，如火炭母草、土牛膝、滨海黄堇、蓝花琉璃繁缕、日本荠苎、大吴风草、鸭嘴草、独穗飘拂草、沟叶结缕草、普陀南星、朝鲜韭、换锦花等草本；天仙果、海岛桑、金豆、台闽算盘子、柃木、大叶胡颓子、普陀杜鹃等灌木；普陀樟、红楠、日本野桐、椿叶花椒、全缘冬青、海岸卫矛、雁荡三角枫、红山茶、日本女贞等乔木；风藤、密刺硕苞蔷薇、小叶葡萄、蟮藤、滨海鸡矢藤等藤本。此外，拟漆姑、海滨木槿、狭叶束尾草、华克拉莎、弱锈鳞飘拂草等通常见于泥质海岸的植物，狭叶尖头叶藜、单叶蔓荆、中华结缕草、小叶蜡子树等通常见于砂质海岸的植物，也偶见于该地带，甚至在积水的岩石凹槽中，芦苇等沼生植物也能生长。

在该类生境，还可见到小块状分布的归化植物单刺仙人掌。

岩质海岸的代表性植物详见各论第一节。

（二）泥质海岸植物

泥质海岸植物是指分布于泥质、人工海岸线向陆一侧的潮上带、上升阶地，以及向陆侧的滨海平原（咸水水域等湿地除外）上的植物。主要土壤为滨海盐土、灰潮土。共计 43 种，隶属于 25 科 38 属。

在滨海盐土上，常见的有碱蓬、盐地碱蓬、灰绿藜、拟漆姑、盐角草、蓝花子、日本百金花、百金花、滨蒿、匍茎苦菜、剪刀股、碱菀、弱锈鳞飘拂草、华克拉莎等草本，南方碱蓬、海滨木槿、柽柳等灌木，鹅绒藤等藤本；在灰潮土上，分布有野胡萝卜、束尾草、狭叶束尾草、田葱等草本。这些植物多数可成为植物群落的建群种或优势种。

一些通常分布于海滨丘陵山坡的植物，如火炭母草、土牛膝、蓝花琉璃繁缕、多型马兰、鸭嘴草、千金藤、滨海鸡矢藤、密刺硕苞蔷薇、椿叶花椒、日本野桐、海岸卫矛等，一些通常分布于砂质海岸的植物，如肾叶打碗花、龙爪茅、铺地黍、假牛鞭草、中华结缕草、洞头水苎麻等，以及一些通常分布于岩质海岸的植物，如中华补血草、普陀狗娃花、双穗飘拂草、马甲子等，也偶见于该地带。

在该类生境，还可见到人工栽培的木麻黄 *Casuarina equisetifolia*、美国蜡杨梅 *Myrica cerifera*、弗栎 *Quercus virginiana*、加拿利海枣 *Phoenix canariensis*、蒲葵 *Livistona chinensis*、苦槛蓝 *Pentacoelium bontioides*、海雀稗 *Paspalum vaginatum*，以及归化的田菁 *Sesbania cannabina*、互花米草等。

泥质海岸的代表性植物详见各论第二节。

（三）砂质海岸植物

砂质海岸植物是指分布于砂砾质海岸线向陆一侧的潮上带、沙丘上的植物。主要土壤为滨海风砂土、滨海盐土。共计 50 种，隶属于 21 科 44 属。

在潮上带靠近海岸线的滨海盐土上，分布有矮生薹草、肾叶打碗花、绢毛飘拂草、细叶砂引草、匍匐苦荬菜、狭叶尖头叶藜等草本，其中前 5 种常可成为群落优势种或建群种。

在固定沙丘、沙堤的风砂土上，砂钻薹草、海滨香豌豆、番杏、珊瑚菜、蟛蜞菊、中华结缕草、铺地黍、沙滩甜根子草等草本常可成为群落的优势种或建群种，其他常见的草本植物还有无翅猪毛菜、刺沙蓬、麦家公、日本琉璃草、龙爪茅、假牛鞭草等；灌木以单叶蔓荆最常见，常成为群落的建群种，其他尚有小叶蜡子树等。一些通常分布于海滨丘陵山坡的植物，如火炭母草、土牛膝、蓝花琉璃繁缕、鸭嘴草、滨海黄堇、密刺硕苞蔷薇、滨海鸡矢藤、短叶胡枝子等，一些通常分布于泥质海岸的植物，如灰绿藜、碱蓬、盐地碱蓬、蓝花子、野胡萝卜、拟漆姑、海滨木槿、剪刀股等，以及通常分布于岩质海岸的植物，如石竹、基隆蝇子草、滨海前胡、滨海珍珠菜、茵陈蒿、普陀狗娃花、卤地菊、毛柱郁李、马甲子、光叶蔷薇等，也偶见于该地带，其中火炭母草、蓝花子、普陀狗娃花、茵陈蒿等有时还可成为群落的优势种或建群种。在有淡水注入大海的水沟两侧，还能见到芦苇、糙叶薹草等盐沼生植物。

在该类生境，还可见到人工栽培的黑松、木麻黄、蒲葵、文殊兰 *Crinum asiaticum* var. *sinicum*，以及归化的曲序月见草 *Oenothera oakesiana*、缩刺仙人掌、单刺仙人掌等，其中黑松、木麻黄、缩刺仙人掌常成为群落建群种。

砂质海岸的代表性植物详见各论第三节。

（四）咸水水域植物

咸水水域植物是指分布于泥质、人工海岸线向陆一侧的滨海平原的盐田、咸水河沟与养殖塘、咸水沼泽，以及向海一侧的潮滩上的植物，多为广布的耐盐碱植物。主要土壤为潮滩盐土、滨海盐土和淤泥沼泽土。共计 15 种，隶属于 4 科 13 属。

在淤泥滩上，常见种有芦苇、糙叶薹草、盐地鼠尾粟等，近岸处见有束尾草、南方碱蓬、盐地碱蓬、弱锈鳞飘拂草等植物分布；在粉砂 - 淤泥滩、粉砂滩上，常见种有糙叶薹草、芦苇、海三棱藨草等。上述植物均能形成单优势种群落。

在滨海平原的盐田、咸水沼泽中，常见的挺水植物主要有芦苇、束尾草、狭叶束尾草、铺地黍、盐地鼠尾粟、糙叶薹草、南方碱蓬、盐地碱蓬、弱锈鳞飘拂草、盐角草等；在咸水河沟、养殖塘中，沉水植物主要有角果藻、篦齿眼子菜、川蔓藻等。

在该类生境，还可见到归化的互花米草，以及人工栽培的大米草，两者在淤泥滩上均可成为建群种，其中互花米草可以演替取代大米草 *Spartina anglica*。

咸水水域的代表性植物详见各论第四节。

（五）滨海丘陵植物

滨海丘陵植物是指分布于各类岸线向陆一侧的丘陵山坡上的植物。主要土壤为中性粗骨土、饱和红壤、红壤和石秃。共计 87 种，隶属于 43 科 72 属。

该类生境植物种类较为丰富，乔木树种主要有红楠、普陀樟、舟山新木姜子、椿叶花椒、日本野桐、海岛桑、台湾蚊母树、全缘冬青、海岸卫矛、雁荡三角枫、红山茶、东瀛四照花、日本女贞等，其中前 5 种可成为常绿阔叶林、常绿落叶阔叶混交林、落叶阔叶林的优势种乃至建群种；灌木树种主要有天仙果、台闽算盘子、柃木、大叶胡颓子、普陀杜鹃、南方紫珠、短叶胡枝子、金豆、日本花椒等，其中前 6 种可成为灌丛的优势种乃至建群种或灌木层片的优势种；草本植物常见的有短毛独活、大吴风草、多型马兰、鸭嘴草、朝鲜韭、披针贯众、火炭母草、土牛膝、滨海黄堇、铺散诸葛菜、蓝花琉璃繁缕、小茄、疏节过路黄、日本苎麻、密毛爵床、南牡蒿、沟叶结缕草、独穗飘拂草、普陀南星、黄花百合、换锦花、水仙、大花无柱兰等，其中前 5 种可成为草丛的建群种或草本层的优势种；藤本植物常见的有风藤、爱玉子、千金藤、密刺硕苞蔷薇、小叶葡萄、鳝藤、滨海鸡矢藤等。

一些通常分布于岩质海岸的植物，如全缘贯众、洞头水苎麻、石竹、白花石竹、基隆蝇子草、藓状景天、日本景天、岩大戟、滨海前胡、茵陈蒿、滨海假还阳参、普陀狗娃花、滨海薹草、山菅、阔叶沿阶草、纤叶钗子股、风兰等草本，圆头叶桂、平翅三角枫等乔木，海桐、毛柱郁李、圆叶小石积、厚叶石斑木、冬青卫矛、滨柃、日本厚皮香、多枝紫金牛等灌木，菱叶常春藤、光叶蔷薇、海刀豆等藤本，有时也见于该类生境。通常分布于泥质海岸的蓝花子、野胡萝卜等草本，在该类生境有时可以成为优势种。通常分布于砂质海岸的小叶蜡子树等，也偶见于该类生境。

在该类生境，还可见到人工栽培的黑松、木麻黄、日本珊瑚树 *Viburnum odoratissimum* var. *awabuki* 以及归化的曲序月见草，其中黑松、木麻黄常成为群落建群种。

滨海丘陵的代表性植物详见各论第五节。

第四节　滨海植物利用与开发

一、资源植物概况

1. 观赏植物

观赏植物是指具有独特的体态、色彩或风韵，适宜作为风景名胜区、森林公园、休闲疗养胜地、城乡各类公园、园林绿地及居室绿化美化的植物。宁波滨海地区有着丰富的野生观赏植物资源。据统计，全市共有118种，占80.3%。根据园林用途，可以分为以下14类：

园景树：有20种，如普陀樟、红楠、舟山新木姜子、圆头叶桂、台湾蚊母树、平翅三角枫、琉球虎皮楠等。行道树：有7种，如普陀樟、全缘冬青、海岛桑等。花灌木：有15种，如厚叶石斑木、海滨木槿、红山茶、柽柳、普陀杜鹃、南方紫珠等。绿篱树种：有17种，如日本花椒、冬青卫矛、马甲子、日本厚皮香等。花境植物：有31种，如滨海黄堇、短毛独活、滨海假还阳参、多型马兰、普陀狗娃花、朝鲜韭、普陀南星等。花坛植物：有9种，如石竹、白花石竹、朝鲜韭、水仙等。地被植物：有44种，如海滨香豌豆、日本百金花、肾叶打碗花、大吴风草、阔叶沿阶草、换锦花等。草坪植物（含嵌花草坪）：有12种，如铺散诸葛菜、蓝花琉璃繁缕、小茄、沟叶结缕草、中华结缕草等。垂直绿化植物：有7种，如风藤、爱玉子、光叶蔷薇、海刀豆、菱叶常春藤、蟮藤。盆栽植物：有24种，如阔片乌蕨、披针贯众、全缘贯众、芙蓉菊、水仙、大花无柱兰、纤叶钗子股、风兰等。盆景树种：有6种，如圆叶小石积、金豆、平翅三角枫、滨柃等。切花和干花植物：有10种，如石竹、海滨木槿、红山茶、中华补血草、黄花百合等。石景点缀植物：有15种，如火炭母草、台湾景天、日本景天、风兰等。湿地绿化植物：有20种，如洞头水苎麻、南方碱蓬、海滨木槿、柽柳、中华补血草、日本百金花、碱菀、铺地黍、华克拉莎等。

2. 特殊生态防护植物

几乎所有的滨海植物都具有一定的生态防护功能。本节所指的特殊生态防护植物，特指具有消浪促淤固堤、防风固沙、改良土壤、防治污染等生态防护功能，适宜作为海岸带绿化、生态修复，为动物提供越冬食物、栖息地的植物。它们对于海岸带生态环境的保护具有重要的意义。此类植物在宁波滨海地区较为丰富，据初步统计，约有78种，占总种数53.1%。

防浪促淤固堤植物：有13种，它们多生长在泥质海滩的潮间带和潮上带，如海滨木槿、束尾草、芦苇、海三棱藨草、糙叶薹草等。防风固沙植物：有42种，它们多生长在砂质海岸的潮上带、固定沙丘上，如狭叶尖头藜、无翅猪毛菜、海刀豆、珊瑚菜、单叶蔓荆、肾叶打碗花、沟叶结缕草等。海岸基干林带绿化的树种：有30种，如日本野桐、全缘冬青、海岸卫矛、马甲子、海岛桑、日本厚皮香、矮小天仙果、琉球虎皮楠等，它们多具有抗海风、海雾、耐盐碱、耐干旱等特性，适宜作为泥质、岩质海岸基干林带绿化造林、生态修复。为动物提供越冬食物和栖息地植物：有 9 种，如普陀樟、滨柃、海三棱藨草、扁秆藨草等，其中海三棱藨草的地下根茎是冬季雁鸭类的重要的食物源。改良土壤植物：有 9 种，它们的根系通常含有根瘤菌，能固定空气中的氮，如海滨香豌豆、田菁等豆科植物，或能吸收土壤中的盐分，如碱蓬、盐地碱蓬等。防治污染植物：有 4 种，如海桐等对多种有毒气体具有很强的抗性，而川蔓藻等则能吸附、吸收水体中的多种有害物质。

3. 药用植物

药用植物包括中药的原材料、民间利用的草药，它们具有治病、防病或保健的功效。宁波海岸带此类植物十分丰富，共 91 种，占总种数的 61.9%。根据功效不同可分为以下 16 类：

解表药：有 7 种，如风藤、马甲子、柽柳、日本荠苧、朝鲜韭等。清热药：有 35 种，如全缘贯众、碱蓬、番杏、多枝紫金牛、芦苇、纤叶钗子股等。补虚药：有 5 种，如天仙果、中华补血草、龙爪茅等。祛风湿药：有 16 种，如千金藤、椿叶花椒、短毛独活、鹅绒藤、肾叶打碗花等。止血药：有 8 种，如海桐、红山茶、南方紫珠、大花无柱兰等。活血化瘀药：有 15 种，如土牛膝、红楠、厚叶石斑木、文殊兰等。化痰止咳平喘药：有 10 种，如柽柳、珊瑚菜、苦槛蓝、卤地菊等。安神药：有 1 种，为黄花百合。平肝熄风药：有 2 种，为单叶蔓荆和铺地黍。利水渗湿药：有 14 种，为盐角草、石竹、滨蒿、沙滩甜根子草、绢毛飘拂草等。温里药：有 2 种，为日本花椒、中华补血草。理气药：有 1 种，为滨海珍珠菜。消食药：有 6 种，如蓝花子、大叶胡颓子、多型马兰、碱菀等。驱虫药：有 5 种，如全缘贯众、日本花椒、野胡萝卜等。收涩药：有 3 种，为海桐、密刺硕苞蔷薇和滨海前胡。杀虫燥湿止痒药：有 7 种，如菱叶常春藤、芙蓉菊、普陀狗娃花、山菅等。此外，换锦花可以治疗神经性疾病、冬青卫矛可用作骨折治疗等。

4. 食用植物

食用植物是指含有淀粉和糖、蛋白质、油脂、维生素、色素、香料、甜味剂等成分，可直接或处理后供人类和动物食用的植物。在宁波的滨海植物中，约有 40 种可供食用，占总种数的 27.2%。根据食用方式和部位不同，可分为以下 6 类。

野菜：有 21 种，如海滨香豌豆、朝鲜韭、珊瑚菜、无翅猪毛菜、盐地碱蓬等。野果：有 10 种，如天仙果、爱玉子、火炭母、海岛桑等。酿酒野果：有 6 种，如密刺硕苞蔷薇、东瀛四照花、砂钻薹草等。植物油：有 6 种，如盐角草、碱蓬、盐地碱蓬、蓝花子、红山茶等。调味料：有 2 种，为椿叶花椒和日本花椒。动物粗饲料：有 13 种，如碱蓬、田菁、鼠尾粟、芦苇、铺地黍等。

5. 工业原料植物

工业原料植物是指生产木材和纤维、油脂、芳香油、染料、树胶、鞣料等非木质林产化工原料为主要目的的植物。共 22 种，占总种数的 15.0%。代表性植物有：

用材树种：有 19 种，占总种数的 12.9%，如全缘冬青、普陀樟、红楠、舟山新木姜子、海岸卫矛、柽柳等。纤维植物：有 14 种，如天仙果、海岛桑、芦苇、海三棱藨草、糙叶薹草等。油脂植物：有 8 种，如灰绿藜、盐角草、盐地碱蓬、台闽算盘子、马甲子等。香料植物：有 3 种，为红楠、野胡萝卜和单叶蔓荆。染料和媒染剂植物：有 3 种，为碱蓬、柃木和海岛桑。此外，滨海植物还有许多其他用途，如冬青卫矛含有硬橡胶，盐角草是工业制作碳酸钠的原料等。

二、利用现状

1. 观赏植物

已开发者有海桐、冬青卫矛、红山茶、日本厚皮香、日本女贞、柃木、滨柃、普陀樟、舟山新木姜子、圆头叶桂（日本）、海滨木槿、柽柳、厚叶石斑木、圆叶小石积（日本）、全缘冬青、石竹、大吴风草、芦苇、水仙、换锦花、阔叶沿阶草、风兰等 23 种，占滨海野生观赏植物总数的 19.5%。其中开发历史悠久，且应用广泛者仅海桐、冬青卫矛、红山茶、石竹、水仙 5 种；近年开发利用者有柃木、滨柃、普陀樟、舟山新木姜子、厚叶石斑木、全缘冬青、海滨木槿、大吴风草、换锦花等。

2. 药用植物

已开发者有风藤、芙蓉菊、黄花百合等 20 种，占滨海野生药用植物总数的 22.0%。其中土牛膝、石竹、密刺硕苞蔷薇、椿叶花椒、柽柳、野胡萝卜、珊瑚菜、短毛独活、单叶蔓荆、茵陈蒿、芦苇等利用历史悠久，有明确方子记载。

3. 食用植物

已开发者有爱玉子（台湾）、海岛桑（日本）、番杏、日本花椒（日本）、茵陈蒿（《本草纲目》记载，安徽、江苏等地食用）、多型马兰、黄花百合等。

4. 特殊用途植物

柃木，其枝叶是日本家庭必用的祭神用品，称为“榊木”。浙江自 20 世纪 90 年代初开始大量出口日本以换取外汇，近年已逐渐从采集野生资源转为集约栽培。目前，日本每年需求杨桐、柃木插叶 5 亿～6 亿束，中国出口约 1.5 亿束，出口金额约 60 亿日元。

三、开发重点

宁波所产的滨海植物中，下列 10 种植物资源独特，具有重要的利用价值和开发前景，在宁波乃至全国未见规模开发利用，可在保护好野生资源与生境的前提下，科学合理地进行开发。

1. 圆头叶桂

樟科樟属常绿乔木。生于岩质海岸的海蚀悬崖峭壁、山麓林中和山岙林缘；阳性树种。枝叶稠密，叶片形小而光亮，叶背金黄，树形优美；萌芽力强；耐干旱瘠薄，耐海雾，抗风性能强，是滨海地区困难地绿化造林的优良乡土树种和园林观赏树种。树形浑圆，奇特，耐修剪，可盆栽观赏。其树皮在日本作为肉桂替代品，用于香料和药品，但品质略逊。

可参考普陀樟试用播种繁殖。圃地土壤需疏松、透气性好，忌积水。

2. 圆叶小石积

蔷薇科小石积属常绿匍匐灌木。生于岩质海岸海蚀崖石壁、石缝灌草丛及滨海山坡草丛中；阳性树种，生长较缓慢，耐干旱、瘠薄，耐修剪、耐盐雾。枝干虬曲，叶小而茂，花色大而洁白，果繁，有极高的观赏价值，宜作盆景、地被，也可作绿篱或岩石园中丛植。目前，在日本和我国台湾、广州等地已开发成盆景。

可试用播种、扦插繁殖。喜干燥向阳环境，忌土壤积水。

3. 南方紫珠

马鞭草科紫珠属落叶小乔木。生于滨海山坡的林缘、路边灌丛中；阳性树种，喜湿润、温和的气候，抗逆性强。本种是紫珠属中难得的乔木型树种，花繁叶茂，夏季紫花满树，冬季紫果满株，十分漂亮，是滨海地区优良的观赏树种，可作花灌木、庭院观赏树。

可参考紫珠试用播种繁殖和扦插繁殖。播种在春季 4 ～ 5 月，发芽适温为 25 ～ 27℃；扦插可在春、夏季进行。3 月采用嫩枝扦插，插条长 10 ～ 12cm，插入沙床，室温保持 27℃和湿润环境，插后 25 ～ 35d 生根，成活率高。病害主要有叶斑病和煤污病；虫害主要有蚜虫。

4. 朝鲜韭

百合科葱属多年生草本。生于海滨山坡干燥砂质地上的草丛中，也生于岩质海岸草丛中；喜阳，耐盐雾。本种发现之始，就被它的随风摇曳的花序表现出的成熟深沉的美感所惊叹，其密集球形的花序、艳丽的花色，是作为石景点缀、缀花草坪、花境、观花地被的优良材料，整体观赏效果不亚于大花葱。嫩茎叶、地下鳞茎可供食用，营养丰富，滁州最具特色的野菜“野韭菜”就是其近缘种——球序韭。鳞茎也可供药用，有发汗解表、散寒通阳之效。

可试用播种繁殖和小鳞茎分株繁殖。要求疏松、肥沃、排水良好的砂质壤土，忌湿热多雨。主要病害有鳞茎腐烂病。

5. 黄花百合

百合科百合属多年生草本。生于海滨山坡疏林下、林缘、路边灌草丛中，喜阳，耐盐雾、喜干燥、怕水涝。花朵硕大、量多，花姿雅致，色彩明快亮丽，茎干亭亭玉立，可供花境、林缘镶边配置，也可作切花、盆栽观赏；耐盐雾，是商品百合耐盐品种繁育的重要亲本。鳞茎可入药，具有养心安神、润肺止咳的功效，对病后虚弱的人非常有益；亦可食用，糯甜可口，营养丰富，不仅具有良好的营养滋补之功效，而且还对秋季气候干燥所引起的多种季节性疾病有一定的防治作用。

可试用鳞片繁殖、小鳞茎繁殖及播种繁殖。应选择土壤肥沃、地势高爽、排水良好、土质疏松的砂壤土栽培。前茬以豆类、瓜类或蔬菜地为好。常见病害有绵腐、立枯、病毒、叶枯、黑茎病；常见虫害有蚜虫、金龟子幼虫、螨类等。

6. 碱蓬

藜科碱蓬属一年生草本。生于滨海围垦区的养殖塘、盐田的堤岸、荒地等轻盐土或中盐土上，也见于沙滩、砾石滩涂的潮上带附近；喜阳，喜湿，耐盐碱，抗性强。碱蓬营养丰富，自古就是民间食用的野菜，可以鲜食、干制，还可以制成罐头，口感鲜脆，具有特别的海鲜味。鲜菜中人体所必需的氨基酸、维生素、胡萝卜素以及 Ca、P、Fe、Cu、Zn、Mn、Se 等微量元素含量丰富，营养价值极高。其茎叶蛋白质含量占干物质的 40% 左右，且水溶性好，与大豆相仿。种子含油量高达 35% 以上，出油量高达 28% 以上，其不饱和脂肪酸和必需脂肪酸分别占脂肪酸总量的 90% 和 80% 左右，具有极好的营养保健价值。目前黑龙江、河北、江苏等地已有开发，并选育出品种。2009 年春季鲜菜售价 3.0 元 /kg，一般每公顷鲜菜达 1.5 万 kg 以上。此外，碱蓬对 Mo 有显著的富集效果，其次对 Cu、Zn、Cd 和 As 也有一定的富集作用，可用于治理重金属污染的土壤。

播种繁殖。四季可播种，但一般以秋冬季播种、春季收获为主。新收碱蓬种子通过 6d 以上冷藏处理，可以有效打破休眠，提高发芽率。播种时要追施氮肥，夜间做好保暖防冻工作。

7. 爱玉子

桑科榕属常绿木质攀缘灌木。生于海滨山坡岩石、树干、墙垣上，喜阳，耐盐雾。清代《台湾通史》记载：……某有女曰爱玉，年十五。楚楚可人，长日无事，出冻以卖，饮者甘之，遂呼为爱玉子。系台湾、福建一带民众的消暑圣品。1980 年台湾科研人员开始进行爱玉子的野生驯化与立地栽培研究，1985 年人工栽培获得成功，制成“爱玉冻”等清凉饮品。1996 年作为台湾名优特果树成功引进福建，并建立了标准化种植园、育苗基地和种质保存圃。瘦果果肉的果胶高达 36.29%（质量分数，下同），膳食纤维达 42.35%，总糖为 23.82%，蛋白质为 3.74%，总黄酮为 3.14%，脂肪为 2.72%，同时维生素、矿质元素也极为丰富，是开发低脂低热保健饮品的理想材料。近 20 年爱玉子的价格始终维持在 200 元 /kg 左右，作为低脂食品研发的重要资源而备受关注。另外，爱玉子攀缘能力强，四季常绿，宜作为山石点缀或垂直绿化材料。

采用扦插、压条或播种繁殖。扦插时剪取插条 10 ～ 15cm，保留 4 ～ 6 片小叶，若是幼嫩插条可用 100mg/kg 的吲哚乙酸（IAA）浸泡 24h 后，再用清水冲洗后扦插。扦插的基质以腐殖土最佳。扦插后要注意水分管理。压条繁殖主要用于快速获取带有虫瘿果的成树而采取的方式。播种繁殖比较方便，注意保持土壤湿度即可，但品性容易退化。

8. 日本花椒

芸香科花椒属常绿灌木。生于海滨山坡灌丛中、林缘路边；喜阳，耐盐雾。其嫩芽富含粗蛋白、粗脂肪、Fe、Zn、Ca、氨基酸等，营养丰富，香脆可口，可作为菜；嫩芽及未熟种子、果实可作为香辛料，在日本是深受青睐的药用、特用果树。日本的本州、四国、九州、山阴等地区广为栽培，栽培面积约 500hm^2，年产量约 500t。果皮和芽可以入药，具有健胃、消炎、利尿、驱虫等功效。目前，甘肃、河北已引种无刺品系。叶片光亮而致密，株型矮小，姿态优美，适栽作为刺篱，或盆栽观赏。

可采用嫁接、组培和播种 3 种繁殖方式。嫁接繁殖：以花椒作砧木。有春季枝接和夏季芽接 2 种方式，但以春季枝接效果比较好，接穗要求有 2 ～ 3 个芽，长度 5 ～ 7cm。组培：用一年生带芽茎段培养，最适宜的诱导和继代培养基为 MS(改良)+6-BA 1.0mg+ NAA（萘乙酸）0.5mg+3％蔗糖 +1.1％琼脂。生根培养基为 MS(改良)+IBA 0.4 ～ 0.8mg+2％蔗糖 +1.1％琼脂。病害主要为流胶病。播种繁殖：据介绍，在日本利用种子繁殖苗木分化严重，且多为雄株，一般不采用。

9. 珊瑚菜

伞形科珊瑚菜属多年生草本。生于海滨沙滩潮上带、风成沙丘上；阳性植物，对土壤肥力要求不高，耐盐碱，为盐碱土指示植物。根可入药，中药名“北沙参”，具清肺泻火、养阴止咳等功效，主治肺热干咳、虚痨久咳、舌干口渴及慢性气管炎等症。根系深、抗性强、耐盐碱、抗沙埋，叶色光亮，花色艳丽，可作为滨海固沙及盐碱土改良的绿化、美化植物。嫩叶富含维生素 C，可作为野菜。

种子繁殖。果实成熟时极易脱落，7 月前后果实呈黄褐色时需及时采收。种子胚有后熟休眠期，室温下干藏种子发芽率仅 1% ～ 6%；而在湿润条件下，0 ～ 5℃低温处理 120d，发芽率达 97%。播种期以 11 月上旬至 12 月为好。圃地土壤可选用冲积沙或粉砂土，条播，每亩①播种量 6 ～ 7.5kg，注意防止雨水冲刷。出苗一个月后需间苗定植，并加施追肥。做好排水及病虫害防治工作。虫害主要有凤蝶幼虫及蛴螬等。通常在播种后的第 2 年 9 月挖掘收获。

10. 短毛独活

伞形科独活属多年生草本。生于海滨山坡疏林下、林缘、路边灌草丛中，生境较为湿润。短毛独活是一种重要的蒙药，名为“巴勒其日干那”，具有祛风胜湿、散寒止痛作用，主治风寒湿痹、腰膝酸痛、风湿性关节炎、风寒头痛。现代研究表明，其主要化学成分为挥发油和香豆素类，在治疗感冒、风湿性关节炎等方面疗效显著。花序大而密集，花色洁白，可作花境。

采用直播或育苗移栽，但以直播为主。可选择处于半阴坡的土层深厚、土质疏松、富含腐殖质、排水良好的沙壤土或黑色发泡土，而土层浅、积水坡和黏性土不宜种植。夏季注意根腐病；虫害有蚜虫和红蜘蛛等。

---

① 1 亩≈ 666.67m^2，下同。

第五节　滨海植物保护与管理

一、珍稀植物

宁波市滨海植物中，被列为珍稀植物的有 54 种，隶属于 33 科 52 属，占宁波市珍稀植物总种数的 25.2%。

1. 国家重点保护植物

被列为国家Ⅱ级重点保护野生植物名录（第一批）的有舟山新木姜子、普陀樟、珊瑚菜、中华结缕草 4 种。在世界自然保护联盟（IUCN）濒危等级评估中，舟山新木姜子属于濒危（EN），普陀樟、珊瑚菜属于易危（VU）。

2. 省重点保护植物

被列为浙江省重点保护植物名录的有圆叶小石积、海滨香豌豆、全缘冬青、海滨木槿、红山茶、柃木、日本女贞、阔叶沿阶草 8 种，其中全缘冬青属于濒危（EN）。

3. 其他珍稀植物

在 IUCN 濒危等级评估中被列为濒危（EN）的植物有金豆、大花无柱兰、风兰 3 种；被列为近危（NT）的植物有纤叶钗子股 1 种；被列为易危（VU）的植物有短毛独活 1 种，其中大花无柱兰、风兰、纤叶钗子股 3 种还被列为《濒危野生动植物种国际贸易公约》（CITES）附录Ⅱ名录。

4. 宁波市级珍稀植物

宁波市级珍稀植物是指宁波特产、主产或在浙江仅见于宁波的植物，浙江稀有的植物，宁波稀有植物或以宁波为分布南缘或北缘的植物。有爱玉子、尖头叶藜、盐角草、无翅猪毛菜、刺沙蓬、石竹、圆头叶桂、滨海黄堇、铺散诸葛菜、台湾蚊母树、海刀豆、金豆、日本花椒、海岸卫矛、马甲子、日本厚皮香、菱叶常春藤、短毛独活、多枝紫金牛、中华补血草、百金花、鹅绒藤、日本琉璃草、南方紫珠、肉叶耳草、沙苦荬、芙蓉菊、卤地菊、蟛蜞菊、龙爪茅、砂钻薹草、华克拉莎、绢毛飘拂草、普陀南星、田葱、朝鲜韭、黄花百合、换锦花、水仙、大花无柱兰、纤叶钗子股、风兰 42 种，隶属于 30 科 42 属。

二、保护现状

（一）主要成就

随着经济社会的发展，人们对生态环境日益关注，各级政府对野生植物资源保护管理工作也越来越重视。近年来，宁波市在这方面也取得了一定的成绩。

1. 管理机构较为齐全

宁波市林业局森林公安局（森林资源处）负责全市野生植物资源的保护、管理和执法的组织领导及必要的业务指导，各县（市、区）设有相应的森林公安局、森林警察大队、行政执法大队或森林资源管理科等机构，乡（镇）设有林业工作站等机构，分别负责辖区内的保护管理工作。同时，国家湿地公园、森林公园和国家级自然保护区也均建有相应的管理机构。

2. 保护体系初步建立

近年来，宁波市滨海地区相继建成了象山韭山列岛海洋生态国家级自然保护区，总面积 4.85 万 hm^2，包括南韭山、积谷山、官船岙、蚊虫山、马补山、大青山、上竹山、中竹山和下竹山等 28 个岛屿；奉化缸爿山海滨木槿保护小区（市级）；杭州湾国家湿地公园，总面积 0.44 万 hm^2；奉化黄贤省级森林公园，总面积 680hm^2；宁海桃花溪省级森林公园（宁海县茶山林场），总面积 0.24 万 hm^2；象山县林场，总面积 0.23 万 hm^2；还有镇海招宝山风景旅游区、象山松兰山海滨旅游度假区以及花岙岛、渔山列岛、檀头山、高塘岛等一批景区（点）。全市所建立的各类自然保护区（小区）、湿地公园、森林公园、风景区（点）等不同层次的就地保护体系，是生物多样性保护的最有效途径，这大大地加强了全省野生植物资源的保护工作。此外，宁波植物园正在建设之中，规划面积 322hm^2，该园的建设也将为全市植物多样性保护工作提供重要的条件平台。

近年来，宁波市农业科学研究院、宁波大学等单位在野生植物生物学与生态学特性、人工繁育等基础研究方面都取得了一些成果，如滨柃、厚叶石斑木、普陀樟、舟山新木姜子等的耐盐性试验，全缘冬青、红山茶等的种质资源收集、新品种选育等。此外，目前正在积极开展圆头叶桂、圆叶小石积等珍稀濒危植物的人工繁育，换锦花等的种质资源收集、新品种选育等工作。

（二）存在的主要问题

由于野生植物保护的法律法规尚不完善，保护体系和保护机制尚不健全，部分领导和民众的保护意识不强，破坏野生植物生境和种质资源的人为现象仍时有发生，导致滨海植物原生生境的片断化十分严重，一些珍贵的种质资源严重流失或惨遭灭顶之灾。主要表现为以下几个方面。

豌豆、马甲子、全缘冬青、沙苦荬、中华结缕草、华克拉莎、大花无柱兰等。

6）象山泗洲头镇马岙村：重点保护对象为海滨木槿，另有金豆、华克拉莎、马甲子等。

7）象山石浦镇铜头岛：重点保护对象为普陀樟、琉球虎皮楠、日本厚皮香，另有红山茶、全缘冬青、海滨香豌豆、柃木等。

8）奉化裘村镇缸爿山岛：重点保护对象为海滨木槿，其他还有马甲子、海岸卫矛、华克拉莎、中华结缕草等。

3. 制定优先保护行动

在明确重点保护对象和保护区域的基础上，以种质资源保护和生境保护为主线，抓紧制定和实施以下 2 个规划：

1）《宁波市海岸线保护专项规划》。在《宁波市海岛保护规划》的基础上，宁波市海洋主管部门应会同相关部门，抓紧编制包括大陆海岸线、岛屿海岸线在内的《宁波市海岸线保护规划》。规划应以《中华人民共和国海岛保护法》、《宁波市无居民海岛管理条例》等为依据，在与港口、围垦等规划衔接的基础上，明确各类岸线位置、岸线类型、岸线长度。制定分级保护制度，落实保护责任主体，将生物多样性富集的重点保护区域所涉岸线，一律纳入一级岸线保护名录，禁止开发；将生物多样性较为丰富的其他岸线纳入二级岸线保护名录，限制开发。宁波市人民政府要适时公布岸线保护名录，并制定相关的检查考核办法。

2）《宁波市极小种群保护实施规划》。在本次调查研究的基础上，宁波市林业主管部门应会同相关部门，抓紧编制包括内陆珍稀濒危植物在内的《宁波市极小种群保护实施规划》。规划应以《中华人民共和国野生植物保护条例》、《浙江省野生植物保护办法》、《宁波市古树名木保护管理办法》等为依据，明确极小种群的种类、就地保护实施地点和单位、保护措施。落实保护经费，积极开展致濒机制、野生种群就地保护、人工扩繁、迁地保护、野外回归等技术研究。

（二）保护措施

1. 强化大众宣传教育

野生植物保护是一项社会性很强的工作，只有全社会的广泛参与，把保护工作建立在广泛的群众基础之上，才能使野生植物保护工作真正落到实处、收到实效。宣传教育时应做到经常性宣传与重点时期宣传相结合，政策法规宣传与典型案例、先进事迹、保护知识宣传相结合。采用举办知识讲座、知识竞赛、在广播电视上播出公益广告、建立标本馆和实物展览馆、举办中小学夏令营等多种手段，进行全方位的宣传，做到家喻户晓、深入人心，使野生植物保护真正成为广大干部群众的自觉行动。

2. 完善政策法规制度

呼吁国家尽快对《中华人民共和国野生植物保护条例》进行修改，提出具有可操作性的“野生植物”的法律解释；尽快公布第二批国家重点保护野生植物名录。宁波市政府、人大应在国家条例、《浙江省野生植物保护办法》的基础上，尽早制定《宁波市野生植物保护办法》，颁布地方保护植物名录，把未列入国家、省重点保护野生植物名录但具有宁波地方特色的物种纳入其中，扩大保护范围。完善海岸带房地产、物流、旅游、交通等开发项目的立项、环评、用地审批制度，杜绝海岸带、岛屿的无序和盲目开发。

3. 重视人才队伍建设

在稳定和健全省、市两级资源林政管理机构、行政执法队伍的基础上，建议成立“宁波市湿地与野生动植物保护处”，主管全市野生动植物、湿地资源保护管理工作；成立“宁波市湿地与野生动植物资源监测中心”，负责全市野生动植物、湿地资源的动态监测工作。与此同时，要高度重视并重点抓好县、乡两级湿地与野生动植物保护管理机构的建设，逐步改善基层站所、自然保护区、国有林场等一线干部职工的工作和生活条件，稳定人才队伍，加强业务培训，充分发挥他们的作用。此外，要加强与海洋渔业、农业、住建、交通、旅游、海关、中医药等部门间的协作，以法律法规为武器，对乱采滥挖、违法收购、非法经营、破坏栖息地等行为给予严厉打击。

4. 加大保护资金投入

野生植物保护是一项功在当代、利在千秋的公益性事业，需要社会各界、广大群众的广泛理解和支持。本着“受益者付费”原则，应建立以政府投资为主、社会捐资投资和国际援助为辅的经济政策体系。首先要将野生植物保护事业列入国民经济和社会发展计划，植物保护所需经费纳入各级政府的财政预算。进一步完善森林生态效益补偿制度，并积极探索建立湿地生态效益补偿机制，在各类补偿基金中确定一定的比例用于野生植物保护。加大对自然保护区（小区）、湿地公园、森林公园、植物园等的投资，加强就地保护和迁地保护的基础设施建设。积极拓宽融资渠道，广泛吸纳社会资金和国外援助。

5. 开展科学研究监测

以宁波市农业科学研究院、宁波大学等为依托，联合国内外大专院校、科研单位、社团组织，加强珍稀植物致濒机制、种质保存、人工扩繁、开发利用等方面的研究。进一步加强同世界各国和世界银行（WB）、联合国开发计划署（UNDP）、联合国粮食及农业组织（FAO）、联合国环境规划署（UNEP）等有关的国际性组织、民间组织的合作与交流，提升生物多样性保护、野生植物资源保护的工作水平。

建立和完善由国家、省、市、县4级监测站组成、自然保护区等重点保护区域监测和其他地区一般监测相结合的珍稀濒危野生植物监测体系，定期提供包括分布范围、生境、繁殖方式、种群结构、资源消长、保护现状等动态信息，实现资源管理的数字化和网络化，为政府主管部门决策提供科学依据。

6. 建立滨海植物拯救中心

在杭州湾国家湿地公园、象山等滨海地区选择合适地点，建立滨海植物拯救中心，对各种濒危滨海物种进行就地或迁地拯救与保护。拯救中心可兼具科学研究、种苗生产、科普宣教与休闲旅游等功能。

各论

第一节　岩质海岸植物

001 尖头叶藜 绿珠藜

学名 ***Chenopodium acuminatum*** Willd.　　科名 藜科 Chenopodiaceae

形态特征　一年生草本，高 20 ～ 80cm。茎直立，具条棱，多分枝。叶片宽卵形至卵形，茎上部的叶片有时呈卵状披针形，长 2 ～ 4cm，宽 1 ～ 3cm，先端急尖或短渐尖，有短尖头，基部宽楔形、圆形或近截形，上面无粉，浅绿色，下面多少有粉，灰白色，全缘并具半透明的环边；叶柄长 1.5 ～ 2.5cm。花两性，团伞花序于枝上部排列成穗状或穗状圆锥状花序；花被片 5，果时增厚并彼此合成五角星形。胞果扁圆形。花期 7 ～ 8 月，果期 8 ～ 9 月。

地理分布　见于象山（北渔山）；分布于东北、华北、西北及山东、河南；蒙古国、俄罗斯、日本及朝鲜半岛也有。

生境　生于岩质海岸岩石上、岩缝中。

主要用途　嫩茎叶可作为蔬菜。

002 双穗飘拂草 山蔺

学名 ***Fimbristylis subbispicata*** Nees et Meyen　科名 莎草科 Cyperaceae

形态特征　一年生丛生草本，高 10 ～ 40cm。秆细瘦，扁三棱形，基部具少数叶。叶短于秆；叶片宽约 1mm，稍坚挺，平展。苞片 1，线形，直立，长于花序；小穗 1（～ 2）个，顶生，长圆状披针形，长 0.8 ～ 3cm，宽 4 ～ 8mm，无棱角，具多花；鳞片卵形、宽卵形或近椭圆形，长 5 ～ 6mm，螺旋状排列，先端钝，具短硬尖，棕色，具多脉；花柱扁平，上部具缘毛，柱头 2。小坚果圆倒卵形，扁双凸状，褐色，表面具不明显六角形网纹。花果期 6 ～ 10 月。

地理分布　见于奉化、宁海、象山；产于全省沿海各县（市、区）及临安、缙云、天台、泰顺；分布于辽宁至广西沿海各省份、台湾、海南及黑龙江、吉林、山西、河南、湖南、贵州；朝鲜半岛及日本、越南也有。

生境　生于岩质海岸石缝中，也生于泥质海岸潮上带草丛中。

主要用途　秆叶可造纸。

003 滨海珍珠菜

学名 *Lysimachia mauritiana* Lam.　　科名 报春花科 Primulaceae

形态特征　二年生草本，全体无毛，高 10 ～ 30cm。茎中下部常紫红色，具明显沟纹，自基部分枝呈簇生状。基生叶莲座状，叶片匙形，长 4 ～ 4.7cm，宽 1.3 ～ 1.7cm，花时枯萎；茎下部的叶片匙形或倒披针形，具短柄；上部的叶片椭圆形，长 1.5 ～ 4cm，宽 0.5 ～ 1.7cm，先端急尖至钝，基部渐狭窄近无柄，两面与苞片、花萼均有黑色腺点。总状花序顶生，长 3 ～ 5cm；苞片叶状；花白色。蒴果卵形。花果期 5 ～ 8 月。

地理分布　见于慈溪、余姚、镇海、北仑、鄞州、奉化、宁海、象山；产于舟山、台州、温州沿海各县（市、区）及平湖；分布于江苏、山东、福建、广东、台湾、海南、辽宁；朝鲜半岛及日本、菲律宾也有。

生境　生于岩质海岸潮上带的岩石缝中，也见于海滨沙滩潮上带。

主要用途　叶浓绿光亮，花色洁白，株形优美，可盆栽观赏。

004 阔片乌蕨

学名 ***Odontosoria biflora*** (Kaulf.) C. Chr.　科名 鳞始蕨科 Lindsaeaceae

形态特征 植株高约 30cm。根状茎短而横走，密被亮褐色钻形鳞片。叶近生，除叶柄基部外通体光滑；叶片卵状披针形，3 回羽状，近革质，亮绿色，长 10 ～ 15cm，宽 6 ～ 10cm，先端渐尖，叶脉 2 叉；羽片约 10 对，互生，披针形；下部的 2 回羽状；末回小羽片近扇形，宽 4 ～ 5mm，先端圆截形，有齿牙，基部楔形，具 4 ～ 6 条小脉；叶柄长 10 ～ 15cm，上面有纵沟。孢子囊群杯形，顶生于小脉上，每一末回小羽片上 2 ～ 3 枚，每个孢子囊通常联结 2 条小脉。

地理分布 见于象山（铜头岛）；产于普陀（桃花岛）、温岭（积谷山岛）；分布于福建、台湾、广东、海南；日本、菲律宾及太平洋岛屿也有。

生境 生于岩质海岸潮上带附近阴湿的石缝中。

005 全缘贯众

学名 *Cyrtomium falcatum* (Linn. f.) C. Presl　**科名** 鳞毛蕨科 Dryopteridaceae

形态特征　多年生常绿草本，高 30 ～ 70cm。根状茎粗短。叶簇生；叶柄长 15 ～ 35cm，密被大鳞片；叶片革质，长圆状披针形，长 10 ～ 30cm，宽 8 ～ 15cm，奇数 1 回羽状；羽片 7 ～ 10 对，互生或近对生，卵状镰刀形，中部的稍大，长 6 ～ 12cm，宽 2 ～ 3.5cm，先端尾状渐尖，基部圆形或上侧呈耳状突起，全缘，有时为波状或多少有浅粗齿，边缘加厚，顶生羽片和侧生羽片分离。孢子囊群圆形，着生于内藏小脉的中部；囊群盖圆盾形，边缘略有微齿。

地理分布　见于慈溪、镇海、北仑、宁海、象山；产于舟山、台州、温州沿海各县（市、区）；分布于山东、江苏、福建、台湾、广东；日本也有。

生境　生于岩质海岸的海蚀崖岩缝、海蚀洞阴湿处，及滨海丘陵山坡林下、农地旁阴湿处，海拔 10 ～ 100m。

主要用途　根状茎入药，味微苦、涩，性寒，有清热解毒、止血、驱虫之功效；叶质厚而光亮，姿态优美，可供盆栽观赏。

附种　锐齿贯众 *C. falcatum* form. ***acutidens***，叶缘具粗锐锯齿。见于象山（北渔山、蚊虫山）；生于海岸高潮位附近岩缝。为本次调查发现的中国分布新记录植物。

锐齿贯众

007 石竹 洛阳花

学名 ***Dianthus chinensis*** Linn. **科名** 石竹科 Caryophyllaceae

形态特征 多年生草本，高 30 ～ 50cm，全株无毛，带粉绿色。茎疏丛生，直立。叶对生；叶片条形或条状披针形，长 3 ～ 5cm，宽 2 ～ 4mm，顶端渐尖，基部渐狭成短鞘包围茎节，全缘。花单生枝端或数花集成聚伞花序，花梗长 1 ～ 3cm；苞片 4，狭卵形，长逾萼筒的 1/2；花萼圆筒形，长 1.5 ～ 2.5cm，萼齿披针形；花瓣 5，红色、粉红色，倒卵状三角形，顶缘不整齐浅齿裂，喉部有斑纹和疏髯毛。花果期 6 ～ 12 月。

地理分布 见于慈溪、镇海、北仑、象山，全市各地有栽培；产于平湖、嵊泗、岱山、普陀、洞头、瑞安、平阳、苍南；分布于东北、西北、华北及山东；哈萨克斯坦、蒙古国、俄罗斯、韩国也有。为本次调查发现的华东分布新记录植物。

生境 生于岩质海岸潮上带附近的灌草丛中，也见于海滨沙滩、山坡林缘草丛中。

主要用途 适应性强，耐干旱瘠薄，抗海风海雾，是优良的观花植物，栽培广泛，品种繁多，适作观赏地被、花境之材料。根和全草入药，具清热利尿、破血通经、散瘀消肿之功效。

附种 白花石竹 ***D. chinensis*** form. ***albiflorus***，花白色。见于象山（积谷山）；生于岩质海岸潮上带附近的草丛中。为本次调查发现的华东分布新记录植物。

白花石竹

008 基隆蝇子草

学名 ***Silene fortunei*** Vis. var. ***kiruninsularis*** (Masam.) S. S. Ying 科名 石竹科 Caryophyllaceae

形态特征 多年生草本，高 50 ～ 80cm。茎直立或稍倾斜，近无毛。叶对生；叶片倒卵形或披针形、矩圆状倒卵形至匙状披针形，长 5 ～ 6cm，宽约 5mm，顶端急尖，基部渐狭，下延呈柄状，无毛，全缘，中脉明显。花序顶生，聚伞状，花梗细，长 1 ～ 2cm，具腺毛；花萼长筒状，长 2.5 ～ 3cm，直径 3 ～ 4mm，无毛，萼齿三角形；花瓣白色，三角状倒卵形，长 2 ～ 2.5cm，宽约 4mm，先端 2 裂，裂片呈撕裂状条裂。花果期 8 ～ 11 月。

地理分布 见于鄞州、奉化、宁海、象山（半边山）；产于临海、温岭；分布于台湾北部海岸和基隆屿。为本次调查发现的中国大陆分布新记录植物。

生境 生于岩质海岸潮上带附近的灌草丛中，也见于海滨山坡林缘、荒地草丛中。

主要用途 耐干旱瘠薄，抗海风海雾，适作观赏地被、花境之材料。

009 台湾景天 石板菜

学名 *Sedum formosanum* N. E. Brown　　科名 景天科 Crassulaceae

形态特征　二年生肉质草本，高 10～25cm。茎丛生，近基部始（2～）3 歧分枝，粗壮，直立。叶互生或分枝处近轮生，下部叶片常脱落，上部叶常聚生；叶片匙形、倒卵形或近圆形，长 1～1.5cm，宽 0.8～1.2cm，先端圆钝。聚伞花序宽 5～8cm，多花；苞片叶状；花无柄，直径约 1cm；萼片不等长，条状披针形，长 2～3mm，先端钝；花瓣黄色，狭披针形，长 6～7mm；雄蕊 10，花药黄色，短于花瓣；心皮宽披针形，长 5～6mm，先端短渐尖；花柱长约 1mm。蓇葖果直立。花果期 5～9 月。

地理分布　见于象山（北渔山）；产于嵊泗、普陀、临海、椒江、玉环、洞头；分布于台湾；日本、菲律宾也有。

生境　生于岩质海岸潮上带石缝。

主要用途　花色艳丽，抗逆性强，适作石景点缀、盆栽观赏。

010 日本景天

学名 ***Sedum japonicum*** Sieb. ex Miq.　　科名 景天科 Crassulaceae

形态特征　多年生肉质草本，无毛。不育枝长 2～4cm，花茎细弱，斜上，高 10～20cm。叶互生，圆柱形或线状匙形，长 7～10cm，宽 1.5～2.5mm，先端钝，有短距，无柄。萼片线状长圆形，先端钝；花瓣黄色，长圆状披针形，6～7mm×1.5mm，渐尖；雄蕊 10，对萼的与花瓣同长或稍长，对瓣的较花瓣稍短；鳞片 5，宽楔形，先端圆截形；心皮 5 枚。蓇葖果水平展开。花期 5～6 月，果期 7～8 月。

地理分布　见于象山(北渔山、南韭山)；产于普陀、永嘉、苍南、泰顺及龙泉；分布于安徽、江西、湖南、广东、台湾；日本也有。

生境　生于岩质海岸潮上带石缝。

主要用途　花色艳丽，抗逆性强，适作石景点缀、盆栽观赏。

011 藓状景天

学名 ***Sedum polytrichoides*** Hemsl.　　科名 景天科 Crassulaceae

形态特征　多年生肉质草本。茎带木质，细，丛生，斜上，高 5 ～ 10cm；有多数不育枝。叶互生，线形至线状披针形，长 5 ～ 15mm，宽 1 ～ 2mm，先端急尖，基部有距，全缘。萼片卵形，长 1.5 ～ 2mm，急尖，基部无距；花瓣黄色，狭披针形，长 5 ～ 6mm；雄蕊 10，稍短于花瓣；鳞片宽圆楔形，基部稍狭；心皮 5 枚。蓇葖果星芒状叉开。花期 7 ～ 8 月，果期 8 ～ 9 月。

地理分布　见于余姚、北仑、鄞州、奉化、宁海、象山；产于岱山、定海、普陀、三门、临海沿海地区及临安、柯桥、嵊州、永嘉；分布于东北及河南、陕西、安徽、山东、江西；韩国、日本也有。

生境　生于岩质海岸潮上带石缝，也生于低山丘陵的山坡林缘、路边岩石上。

主要用途　花色艳丽，抗逆性强，适作石景点缀、盆栽观赏。

012 岩大戟 大狼毒

学名 *Euphorbia jolkinii* Boiss. 科名 大戟科 Euphorbiaceae

形态特征 多年生草本。根圆柱状。茎自基部多分枝，高 40 ～ 80cm，无毛。叶互生，卵状长圆形，1 ～ 4cm × 3 ～ 7mm，先端钝尖或圆，基部渐狭；全缘。总苞杯状，边缘 4 裂，裂片卵状三角状，内侧密被白色柔毛；腺体 4，肾状半圆形，淡褐色。雄花明显伸出总苞之外；雌花子房柄伸出总苞之外。蒴果球状，密被长瘤。花果期 3 ～ 7 月。

地理分布 见于象山（积谷山、铜头岛）；产于平湖、嵊泗、临海、温岭、洞头；分布于台湾；日本、韩国也有。

生境 生于岩质海岸潮上带石缝中，也生于滨海山坡路旁灌草丛中。

主要用途 根入药，止血、消炎、祛风、消肿。

013 滨海前胡

学名 ***Peucedanum japonicum*** Thunb.　　科名 伞形科 Umbelliferae

形态特征　多年生草本，高 0.3 ～ 1m。茎、叶无毛；茎圆柱形，具棱。基生叶之叶鞘宽阔抱茎，叶片宽大，质厚，灰绿色，1 至 2 回三出式分裂，2 回羽片的侧裂片卵形，中间裂片倒卵状楔形，无柄，具 3 ～ 5 粗大钝锯齿；茎生叶向上渐简化，叶柄全部成鞘。复伞形花序顶生和侧生；总苞片 2 ～ 3 或无；顶端花序的直径达 10cm；伞辐 15 ～ 30；小总苞片 8 ～ 12；花白色。果实长卵形至椭圆形，有短硬毛。花期 5 ～ 6 月，果期 8 ～ 9 月。

地理分布　见于慈溪、象山；产于舟山、台州、温州沿海各县（市、区）；分布于山东、江苏、福建、台湾；日本、韩国、菲律宾也有。

生境　通常生于岩质海岸石缝、灌草丛中，也见于砂砾质海岸潮上带、滨海丘陵山坡林下。

主要用途　根入药，有发汗退热、降气祛痰之功效；花洁白，叶质厚而光亮，耐盐碱、干旱瘠薄，抗海风，是优良的冬绿型观叶、初夏观花植物，适作花境、地被和盆栽。

014 中华补血草 海金花

学名 ***Limonium sinense*** (Girard) Kuntze　　科名 蓝雪科 Plumbaginaceae

形态特征　多年生草本，高 20 ～ 60cm。全株无毛。叶基生，呈莲座状；叶片匙形、倒卵状披针形至长圆状披针形，连叶柄长 5 ～ 10cm，宽 0.8 ～ 2.2cm，先端钝圆，基部楔形下延至叶柄，缘具微齿，三出脉，侧脉不明显。花常 2 ～ 3 朵组成聚伞花序，密集着生于花序轴的一侧，排成圆锥状花序；花萼白色，漏斗状，具 5 棱；花冠黄色，深 5 裂，基部连合。蒴果圆柱形。花果期 5 ～ 9 月。

地理分布　见于奉化、宁海、象山；产于定海、普陀、三门、椒江、温岭、乐清、瑞安、平阳、苍南；分布于辽宁至广东沿海各省份及台湾；日本、越南也有。

生境　生于岩质海岸高潮线附近，也生于泥质海岸、滨海围垦区低湿地的重盐土上。

主要用途　花色悦目，清秀可爱，宜作花境、盆栽观赏、切花、干花，尤宜作滨海盐碱地美化；全草民间入药，具清热、止血、祛湿之功效；重盐土指示植物。

015 肉叶耳草 厚叶双花耳草

学名 ***Hedyotis strigulosa*** (Bartl. ex DC.) Fosberg　科名 茜草科 Rubiaceae

形态特征 多年生肉质草本，高 5 ～ 20cm，全体无毛。茎多分枝，基部倾卧或斜上，具纵棱。叶对生；叶片椭圆形、卵状椭圆形或倒卵状椭圆形，长 1 ～ 2.5cm，宽 0.7 ～ 1.2cm，先端圆或钝圆，基部长楔形，下延，上面具光泽，边缘多少反卷；无柄或近无柄；托叶长约 2mm，先端具 2 微齿。花数朵组成 2 歧聚伞花序，顶生或腋生；花小，白色。蒴果倒卵状扁球形，直径 4 ～ 5mm。花期 8 ～ 9 月，果期 10 ～ 11 月。

地理分布 见于象山（南韭山、蚊虫山、积谷山、北渔山）；产于嵊泗、普陀、临海、椒江、温岭、玉环、洞头、瑞安、平阳、苍南；分布于台湾；日本、韩国及亚洲热带地区也有。

生境 生于海岛岩质海岸潮上带的岩石缝中。

主要用途 叶片浓绿光亮，花色洁白，株形优雅，玲珑可爱，可作微型盆栽之材料。

016 茵陈蒿

学名 *Artemisia capillaris* Thunb.　　科名 菊科 Compositae

形态特征　多年生亚灌木状草本，高 50 ～ 100cm。茎黄色或褐黄色，上部多分枝。叶片 1 ～ 3 回羽状深裂，下部叶裂片较宽短，密被白色短丝状毛，有长柄；中部以上叶裂片细，宽 0.3 ～ 1mm，近无毛；上部叶片羽状分裂、3 裂或不裂，无柄。圆锥状花序顶生；总苞球形，直径 1.5 ～ 2mm；总苞片 3 ～ 4 层，无毛；花管状。瘦果长圆形。花果期 9 ～ 12 月。

地理分布　见于慈溪、余姚、镇海、江北、北仑、鄞州、奉化、宁海、象山；产于舟山、台州、温州沿海各县（市、区）及平湖；分布于我国东部沿海及台湾；俄罗斯、日本、韩国及东南亚也有。

生境　生于岩质海岸石缝，也生于海滨沙滩潮上带、丘陵山坡路旁草丛中。

主要用途　干燥幼嫩的茎叶，名“茵陈”或“绵茵陈”，性甘，有清利湿热、退黄疸之功效，也可用作利尿及驱虫剂；基生叶的叶色银灰色，是优良的冬绿型观叶植物，适作滨海地区观赏地被；嫩茎叶可作野菜或酿制茵陈酒。

017 滨海假还阳参 假还阳参

学名 *Crepidiastrum lanceolatum* (Houtt.) Nakai　科名 菊科 Compositae

形态特征　多年生亚灌木状草本，高 5 ～ 20cm，全体无毛，具乳汁。茎短，自基部丛生平卧分枝，长 10 ～ 40cm。基生叶莲座状，匙形、倒卵状披针形或椭圆形，先端钝圆，全缘至羽状中裂；花枝自分枝茎端抽出，基部叶莲座状，倒披针形，全缘；茎生叶疏离，先端钝，基部抱茎。头状花序多数，直径约 1.5cm，在枝端排列呈伞房状；总苞圆筒形；花全为舌状，黄色。瘦果长圆形；冠毛白色。花果期 9 ～ 11 月。

地理分布　见于慈溪、镇海、北仑、鄞州、宁海、象山；产于舟山、台州、温州沿海各县（市、区）及平湖；分布于江苏、福建、台湾；日本也有。

生境　生于岩质海岸潮上带岩石缝中，也生于滨海山坡林缘、灌草丛中，以外海岛屿较常见。

主要用途　花色艳丽，抗逆性强，适作滨海地区花境、观赏地被。

018 普陀狗娃花 海滨狗娃花

学名 ***Heteropappus arenarius*** Kitamura　　科名 菊科 Compositae

形态特征 多年生草本。主根粗壮，木质化。茎平卧或斜升，自基部分枝。叶互生，质厚，有缘毛；基生叶匙形，先端圆形或稍尖，基部渐狭，全缘或有时疏生粗大齿；中部及上部叶匙形或匙状长圆形，长 1 ～ 2.5cm，宽 0.2 ～ 0.6cm，先端圆形或稍尖，基部渐狭。头状花序直径 2.5 ～ 4cm，总苞半球形；总苞片约 2 层；缘花舌状，淡蓝色或淡白色；盘花管状，黄色。瘦果扁倒卵形。花果期 8 ～ 11 月。

地理分布 见于慈溪、余姚、镇海、江北、北仑、鄞州、奉化、宁海、象山；产于舟山、台州、温州沿海各县（市、区）及平湖、海盐；分布于福建；日本也有。

生境 生于岛屿岩质海岸潮上带岩缝，也生于沙滩潮上带和滨海山坡林缘灌草丛中，以外海岛屿较常见。

主要用途 花大形美，花色艳丽，是优良的观花植物，适作花境、观赏地被和石景点缀美化。

019 卤地菊

学名 *Melanthera prostrata* W. L. Wagner et H. Robinson 科名 菊科 Compositae

形态特征 多年生草本。全体密被疣基短糙毛；茎匍匐，分枝。叶对生；叶片卵形或披针状卵形，长1～1.5cm，宽4～8mm，先端钝，边缘具1～3对不规则的粗齿；叶柄短。头状花序直径约1cm，单生于具叶小枝的顶端或上部叶腋，无梗或具短梗；总苞片短于托片；花黄色，缘花舌状，1层，盘花管状。瘦果倒卵状三棱形。花果期6～11月。

地理分布 见于象山（北渔山）；产于普陀、温岭、洞头、瑞安、平阳、苍南；分布于福建、台湾、广东；日本、韩国、菲律宾、越南、泰国和印度也有。

生境 生于岩质海岸潮上带草丛、岩隙石缝，也生于海滨沙滩潮上带、沙堤。

主要用途 全草入药，有清热解毒、祛痰止咳之功效；耐干旱、瘠薄、盐碱，花色艳丽，是优良的固沙、沙滩美化植物，也可用于边坡复绿、石景点缀。

020 滨海薹草 健壮薹草

学名 *Carex wahuensis* C. A. Mey. subsp. *robusta* (Franch. et Sav.) T. Koyama　　科名 莎草科 Cyperaceae

形态特征　多年生常绿丛生草本，高 20 ～ 80cm。秆直径 1 ～ 2mm，三棱形。叶片条形，宽 3 ～ 12mm，质地坚挺，光亮。小穗 3 ～ 6 个，顶端者雄性，圆柱形；侧生者通常雌性，偶两性，长 2 ～ 6cm，宽 6 ～ 8mm，密集多花，鳞片卵形或卵状披针形，长 4 ～ 5mm，膜质，具透明白边，先端钝或微缺，具 3 脉，芒长 5mm。果囊卵球形，无毛，喙直立，2 深裂。小坚果宽倒卵球形，棱中部稍缢缩；柱头 3。花果期 3 ～ 6 月。

地理分布　见于镇海、宁海、象山；产于舟山、台州、温州沿海各县（市、区）；分布于山东、香港、台湾；日本、韩国也有。

生境　生于岩质海岸石缝中，也生于滨海山坡林下、林缘草丛中。

主要用途　株丛密集，叶质光亮，耐干旱瘠薄、耐盐碱，抗海雾、海风能力强，适作观赏地被、边坡复绿。

021 山菅

学名 *Dianella ensifolia* (Linn.) Redouté　　科名 百合科 Liliaceae

形态特征　多年生常绿丛生草本。叶近基生，2列；叶片革质，条状披针形，长30～60cm，宽1～2.5cm，无毛；叶鞘侧偏，基部套叠状抱茎，边缘和脊上均具褐色膜质的狭翅。花葶从叶丛中抽出；圆锥花序长10～30cm，分枝疏散；花淡紫色；花梗长5～10mm，顶端具关节。浆果近圆球形，直径约6mm，成熟时蓝色或蓝紫色。花果期5～11月。

地理分布　见于慈溪、镇海、北仑、鄞州、奉化、宁海、象山；产于舟山、台州、温州沿海各县（市、区）及海盐；分布于华东、华南、西南；亚洲、大洋洲的热带地区以及非洲的马达加斯加岛也有。

生境　生于岩质海岸潮上带悬崖、陡坡，也生于海滨丘陵石质山坡疏林下、林缘或灌草丛中。

主要用途　根状茎有毒，调醋外敷，可治痂疮脓肿、癣、淋巴结炎等；株丛密集，叶质光亮，果蓝色，抗逆性强，适作观赏地被、边坡复绿。

022 阔叶沿阶草

学名 ***Ophiopogon jaburan*** (Kunth) Lodd. 科名 百合科 Liliaceae

形态特征 多年生常绿丛生草本，高 30 ～ 50cm。茎短。叶丛生，条形，革质，长 40 ～ 70cm，宽 1 ～ 1.5cm，上面深绿色，光亮，具 9 ～ 13 条脉，叶缘略粗糙，先端渐收缩，钝尖，基部渐狭成不明显的柄。花葶扁平，先端具狭翼，长 30 ～ 50cm，宽 4 ～ 7mm；总状花序长 7 ～ 10cm；花 3 ～ 8 朵簇生；花梗长 1 ～ 2cm，关节位于中部或之上；花下垂，长 7 ～ 8mm，淡紫色；花药披针形，长 4 ～ 5mm。种子熟时蓝色。花期 8 月，果期 10 ～ 12 月。

地理分布 见于象山（花岙岛、南韭山、蚊虫山、积谷山）；产于椒江（上大陈岛）；日本也有。

生境 生于海岛岩质海岸潮上带林缘灌草丛中、岬角悬崖峭壁上，也生于滨海山坡林下。

主要用途 植株低矮，叶色深绿，果色鲜亮，长势强健，耐阴性强，是良好的地被植物、盆栽观叶植物。浙江省重点保护野生植物。

023 纤叶钗子股

学名 ***Luisia hancockii*** Rolfe　　科名 兰科 Orchidaceae

形态特征　多年生常绿附生草本，高 10 ～ 20cm。茎稍木质，通常不分枝，圆柱形，长 3.5 ～ 15cm，直径 2 ～ 3mm，绿色。叶 2 列互生；叶片纤细，肉质，圆柱形，长 5 ～ 8cm，直径 1.5 ～ 2mm，先端钝，基部具关节；鞘长 4 ～ 9mm。总状花序腋生，具花 2 ～ 3 朵；花黄带紫色；花瓣倒卵状匙形；唇瓣篦状长圆形，近中部稍缢缩，前部先端浅 2 裂，后部基部扩大呈耳状。蒴果椭圆柱形，长 1.5 ～ 2cm。花期 5 ～ 6 月，果期 8 月。

地理分布　见于慈溪、余姚、江北、北仑、鄞州、奉化、宁海、象山；产于舟山、台州、温州沿海各县（市、区）及临安、新昌、天台、仙居、泰顺；分布于福建、湖北。

生境　附生于岩质海岸海湾岬角庇荫崖壁、巨岩上，也生于滨海丘陵山坡、沟谷阴向岩壁和老树干上。

主要用途　民间以全草入药，用于治疗咽喉炎；叶形、花形奇特，适作盆栽观赏。近危种，资源稀少，亟待保护。

024 风兰 新风兰

学名 *Neofinetia falcata* (Thunb.) Hu　　科名 兰科 Orchidaceae

形态特征　多年生常绿附生草本，高 6 ～ 14cm。茎短而直立。叶数枚，相互套叠排成 2 列；叶片条状长圆形，先端急尖、渐尖或钝，基部具关节。总状花序腋生，疏生花 3 ～ 4 朵；花开展，白色，有香气，直径 1.5 ～ 2cm，距长 3 ～ 5cm，下垂；唇瓣倒卵状椭圆形，先端 3 裂，中裂片半椭圆形。花期 6 ～ 7 月，果期 8 ～ 9 月。

地理分布　见于鄞州、奉化、宁海、象山；产于舟山、台州沿海部分县(市、区)及松阳；分布于江西、福建、湖北、四川、甘肃；日本、韩国也有。

生境　附生于岩质海岸庇荫崖壁，也生于滨海丘陵山坡的阴向巨石岩壁及林中老树干上。

主要用途　体态优雅，花色素淡，清幽芬芳，系形、叶、花俱美的兰花佳品，可植于园林瓦状结构围墙上，延伸景致，也可作花境配植或点缀岩石、假山，或作盆栽。由于人为过度采挖，目前野生资源极度贫乏，亟须加强保护。

025 海刀豆 狭刀豆

学名 ***Canavalia lineata*** (Thunb. ex Murr.) DC. 科名 豆科 Leguminosae

形态特征 多年生缠绕藤本。茎稍木质化，疏生脱落性倒向短伏毛。3 小叶羽状复叶互生，托叶、小托叶小；小叶片倒卵形、宽椭圆形或近圆形，厚纸质，长 5 ～ 10cm，宽 4.5 ～ 8cm，先端圆、截平或微凹，基部近圆形，两面被长柔毛；小叶柄长 5 ～ 8mm。总状花序腋生，长达 30cm；花紫红色。荚果长 8 ～ 12cm，宽 2 ～ 2.5cm，厚约 1cm；种子椭圆形。花果期 6 ～ 10 月。

地理分布 见于象山（油菜花屿、南韭山）；产于嵊泗、普陀、椒江、温岭、玉环、洞头、瑞安、平阳、苍南；分布于我国东南部至南部沿海；热带海岸地区广布。

生境 生于岩质海岸山坡灌丛中，海拔 50m 以下。

主要用途 花色艳丽，可供观赏。

026 光叶蔷薇

学名 ***Rosa luciae*** Franch. et Roch.　　科名 蔷薇科 Rosaceae

形态特征 常绿攀缘灌木。枝条平卧，具皮刺。奇数羽状复叶，小叶 2 ～ 4 对，长 5 ～ 10cm，互生；小叶片椭圆形、卵形或倒卵形，长 1 ～ 3cm，宽 7 ～ 15mm，先端圆钝或急尖，边缘有疏锯齿，上面亮绿色，无毛；托叶大部贴生于叶柄，边缘有不规则裂齿和腺毛。伞房状花序具 1 至多花；花白色，芳香，直径 2 ～ 3cm；花瓣倒卵形，先端凹缺；花柱合生成束，被柔毛。果实球形或椭圆形，直径约 8mm，橙红或紫红色，光亮。花期 6 ～ 7 月，果期 10 月至翌年 1 月。

地理分布 见于北仑、宁海、象山；产于舟山、台州、温州沿海各县（市、区）；分布于广东、广西、福建、台湾；韩国及琉球群岛也有。

生境 生于岩质海岸海蚀平台、海蚀崖缝隙，砾石滩涂潮上带，海滨丘陵山坡林缘、沟谷湿地岩石旁，海拔 20 ～ 100m。

主要用途 攀缘性较强，叶色亮绿，花色洁白，馥郁芬芳，是优良的攀缘植物，适作廊架、墙垣垂直绿化，石坡、石景复绿、点缀。

027 菱叶常春藤 日本常春藤

学名 ***Hedera rhombea*** (Miq.) Bean　　科名 五加科 Araliaceae

形态特征 常绿木质藤本。不育枝的叶片宽卵形、宽卵状三角形，或掌状 3 浅裂而呈近五角形，先端钝尖，基部心形；花枝上的叶片宽卵状、卵状披针形至披针形，先端渐尖或急尖，基部楔形至近圆形，上面亮绿色；叶柄长 1 ～ 5.5cm。伞形花序近伞房状排列，有星状毛；花小，黄绿色；花药紫红色。果实黑色。花期 11 月，果期翌年 3 ～ 6 月。

地理分布 见于慈溪、镇海、北仑、象山；产于嵊泗、岱山、普陀、临海、温岭、玉环；日本、韩国也有。

生境 生于岩质海岸海蚀崖、海湾岬角潮上带庇荫的山岙，也生于滨海丘陵阴坡林中、村宅旁，常攀附于岩石、树干、墙垣上，海拔 10 ～ 150m。

主要用途 叶色亮绿，攀缘性强，是优良的垂直绿化植物。

028 毛柱郁李 庭梅

学名 *Cerasus pogonostyla* (Maxim.) T. T. Yu et C. L. Li　科名 蔷薇科 Rosaceae

形态特征　落叶灌木。小枝灰色，嫩枝绿色。冬芽卵形。叶片倒卵状椭圆形，长 2.5 ～ 4.5cm，宽 1 ～ 2cm，先端短渐尖或圆钝，基部楔形至阔楔形，叶边有重锯齿，齿端有小腺体，叶面较皱；叶柄长 2 ～ 4mm；托叶线形。花单生或 2 朵，花叶同开；萼筒陀螺状，边缘有腺齿；花瓣粉红色，倒卵形或椭圆形。核果椭圆形或近球形，核表面光滑。花期 3 月，果期 5 月。

地理分布　见于象山（爵溪、南田岛、铜头岛）；产于台州、温州沿海各县（市、区）及平湖、普陀；分布于江西、福建、台湾。

生境　生于岩质海岸潮上带附近的乱石堆、灌草丛中。

主要用途　叶小枝密，花色美丽，果色鲜艳，秋叶绯红，抗逆性强，是优美的观花、观果灌木，适作石景点缀，也可盆栽观赏。

029 马甲子 铁篱笆

学名 ***Paliurus ramosissimus*** (Lour.) Poir. 科名 鼠李科 Rhamnaceae

形态特征 落叶灌木，高达 5m。中下部侧枝常横伸或下弯，幼枝密被短毛。单叶互生，叶片宽卵形、卵状椭圆形至近圆形，先端圆钝，基部宽楔形至近圆形，边缘有细圆齿，基出三出脉；具托叶刺。聚伞花序腋生；花小，黄绿色。核果杯状，周围具木栓质3浅裂的厚窄翅，直径1～1.8cm。花期5～6月，果期8～10月。

地理分布 见于北仑、奉化、宁海、象山，慈溪、余姚有栽培；产于温州、舟山沿海部分县（市、区）及杭州、丽水，偶见栽培；分布于长江流域以南各地及台湾；日本、韩国也有。

生境 生于海岸高潮线附近的石堆及岩缝中，也可生于潮上带的沙滩内侧。

主要用途 性强健，耐盐、耐旱、抗风性强，可作沿海防风抗浪树种；是制作防护刺篱的优良材料；根、叶入药，具发表散寒、活血消肿、解毒等功效。

030 圆叶小石积

学名 *Osteomeles subrotunda* K. Koch　科名 蔷薇科 Rosaceae

形态特征 常绿低矮灌木，高约20cm。茎常匍匐，幼枝、叶片、花序被灰白色长柔毛。奇数羽状复叶互生；叶片革质，长2～3.5cm；小叶5～8对，叶轴具窄叶翼；小叶片对生，倒卵状长圆形，长4～6mm，宽2～3mm，先端圆钝或有短尖头，全缘，叶缘略反卷，上面有光泽，中脉下陷；小叶柄极短；托叶早落。伞房花序顶生；花直径约1cm，白色；萼筒钟状，外面密被柔毛；花柱基部无毛。果实近球形，直径6～12mm，萼片宿存。花期5～6月。果期9～10月。

地理分布 见于象山（北渔山）；产于临海（大竹山岛、头门岛、雀儿岙岛、东矶岛）；琉球群岛、小笠原群岛及菲律宾群岛也有。

生境 生于岩质海岸海蚀崖石壁、石缝灌草丛及滨海山坡草丛中。

主要用途 叶小枝密，姿态优美，花色洁白，是优美的地被灌木，也可盆栽观赏；浙江省重点保护野生植物。目前野生资源少于300丛，已处于极危状态，亟须加强保护与人工繁育研究。

031 海桐

学名 ***Pittosporum tobira*** (Thunb.) Ait.　　科名 海桐花科 Pittosporaceae

形态特征　常绿灌木，高 1 ～ 3m。嫩枝、幼叶、花序被褐色柔毛。叶聚生于枝顶，互生；叶片倒卵形或倒卵状披针形，革质，长 4 ～ 9cm，宽 1.5 ～ 4cm，上面深绿色，光亮，先端圆钝或微凹，全缘，边缘略反卷；叶柄长约 2cm。伞形花序或伞房状伞形花序顶生或近顶生。花白色，芳香，后变黄色；子房密被柔毛。蒴果圆球形，直径 12mm，3 瓣裂，果瓣木质，厚 1.5mm；种子多数，假种皮红色。花期 4 ～ 6 月，果期 9 ～ 12 月。

地理分布　见于慈溪、镇海、北仑、象山，全市各地均有栽培；产于舟山、台州、温州沿海各县（市、区）及平湖、海盐；分布于江苏、福建、广东；日本、韩国也有。

生境　生于岩质海岸海蚀崖峭壁，面海山坡林下、林缘，常成为滨海常绿灌丛的建群种；各地也常栽培于公园、庭院。

主要用途　耐干旱、瘠薄，耐盐碱、海雾，抗风性强，对二氧化硫等有毒气体有较强的抗性，系优良的园林绿化观赏树种；根、叶、种子入药，根能祛风，叶能解毒止血，种子能涩肠固精；木材可制作器具。

032 厚叶石斑木

学名 ***Rhaphiolepis umbellata*** (Thunb.) Makino　　科名 蔷薇科 Rosaceae

形态特征　常绿灌木，高 1 ～ 3m。嫩枝、幼叶、花序被脱落性褐色柔毛。叶互生；叶片厚革质，长椭圆形、卵形或倒卵形，长 4 ～ 10cm，宽 2 ～ 4cm，先端圆钝至稍锐尖，基部楔形，全缘或有疏钝齿，边缘稍反卷，上面深绿色，稍有光泽，下面网脉明显；叶柄长 5 ～ 10mm。圆锥花序顶生；花白色。果实球形，直径 7 ～ 10mm，黑紫色，带白霜。花期 5 ～ 6 月，果期 9 ～ 11 月。

地理分布　见于慈溪、镇海、北仑、象山，鄞州等地有栽培；产于舟山、台州、温州沿海各县（市、区）及平湖，以沿海远岸岛屿较常见；分布于福建、台湾；日本也有。

生境　生于岩质海岸海蚀崖峭壁缝隙，也见于滨海丘陵山坡林中、路旁林缘岩石旁，海拔 20 ～ 80m。

主要用途　枝叶茂密，叶质厚而光亮，老叶常变红色，花色洁白，且耐干旱、瘠薄，耐盐碱、海雾，抗风性强，是优良的绿化观赏树种；果熟时可食。

033 冬青卫矛 正木 大叶黄杨

学名 ***Euonymus japonicus*** Thunb.　　科名 卫矛科 Celastraceae

形态特征 常绿灌木，高可达3m。小枝绿色。叶对生；叶片革质，倒卵形或椭圆形，长3～5cm，宽2～3cm，先端圆钝或急尖，边缘具浅细钝齿；叶柄长约1cm。聚伞花序腋生，2～3次分歧；花小，绿白色。蒴果近球状，直径约8mm，淡红色；种子每室1，椭圆状，长约6mm，直径约4mm，假种皮橘红色。花期6～7月，果熟期10月至翌年1月。

地理分布 见于慈溪、镇海、象山，全市各地习见栽培；产于舟山、台州、温州沿海各县（市、区），浙江省及全国各地广为栽培；日本也有。

生境 生于岛屿岩质海岸海蚀崖峭壁缝隙，常成为滨海常绿灌丛的建群种；也见于滨海丘陵山坡林下、路旁林缘岩石旁，海拔20～60m。

主要用途 枝叶繁茂，叶色浓绿光亮，挂果期长，抗逆性强，耐修剪，适作绿篱或庭园观赏植物；树皮含硬橡胶，民间亦作药用。

034 滨柃 海瓜子

学名 *Eurya emarginata* (Thunb.) Makino　　科名 山茶科 Theaceae

形态特征　常绿灌木，高 1 ～ 4m。嫩枝具 2 微棱，密被黄褐色短柔毛。叶互生；叶片厚革质，倒卵形或倒卵状披针形，长 2 ～ 3cm，宽 1.2 ～ 1.8cm，顶端圆而有微凹，基部楔形，边缘有细微锯齿，反卷，无毛，叶脉在上面凹下；叶柄长 2 ～ 3mm。花 1 ～ 2 朵生于叶腋，花小，白色。果实圆球形，直径 3 ～ 4mm，熟时黑色。花期 11 ～ 12 月，果期翌年 5 ～ 8 月。

地理分布　见于宁海、象山，市区和鄞州等地有栽培；产于舟山、台州、温州沿海各县（市、区）；分布于福建、台湾沿海；日本、韩国也有。

生境　生于海岛岩质海岸海蚀崖峭壁缝隙，也生于海滨丘陵山坡林下、路旁林缘岩石缝中，外海岛屿较常见，常成为滨海常绿灌丛的建群种。

主要用途　叶小而光亮，枝叶密集，层片清晰，株形优美，耐修剪，抗逆性强，适作地被观赏、滨海地区困难地绿化美化，也是制作盆景的优良材料；鸟嗜植物。

035 日本厚皮香

学名 ***Ternstroemia japonica*** (Thunb.) Thunb. 科名 山茶科 Theaceae

形态特征 常绿灌木或小乔木；全体无毛。小枝较粗壮，嫩枝淡红褐色。叶互生，集生枝顶，呈假轮生状；叶片硬革质，长椭圆状倒卵形或倒卵形，长3～8cm，宽1.5～3.5cm，先端钝圆或稍急短钝尖，基部楔形而下延，边缘微反卷，全缘或上部具不明显的疏钝齿，中脉在上面略凹陷；叶柄长5～14mm，带红色。花单独侧生小枝或叶腋，淡黄白色；花梗顶端下弯。果卵状球形、卵状椭圆形，长1.3～1.9cm，直径1.2～1.7cm，熟时红色，顶端具宿存花柱；种子具鲜红色肉质假种皮。花期6～7月，果期9～11月。

地理分布 见于象山（松兰山、铜头岛），全市各地有栽培；产于普陀，杭州植物园及定海有栽培；分布于台湾；日本、韩国也有。为本次调查发现的中国大陆分布新记录植物。

生境 生于岩质海岸林缘灌丛中，海拔5～30m。

主要用途 海岸常绿阔叶灌丛、常绿阔叶林的重要建群种或伴生种；枝叶茂密，树冠浑圆，树形优美，叶质厚而富有光泽，入秋后转为暗红色，抗风性能强，耐干旱瘠薄，耐海雾，是滨海地区绿化造林的优良乡土树种和园林观赏树种。该种是典型的日本、韩国、中国大陆和台湾间断分布种，对研究东亚植物区系的起源与发展等具有重要的学术价值，目前象山松兰山的种群数量仅约50株（丛），处于极危状态，亟待保护。

036 单刺仙人掌

学名 ***Opuntia monacantha*** (Wiud) Haw.　　科名 仙人掌科 Cactaceae

形态特征　肉质灌木，高 0.5 ～ 2m。老株常具圆柱形主干；分枝开展，倒卵形、倒卵状长圆形，扁平，长 10 ～ 30cm，宽 7.5 ～ 12cm，先端圆形，基部渐狭至柄状，鲜绿色。刺窝大，稀疏，具短绵毛、倒刺刚毛和刺；刺单生，直立，灰色，具黑褐色尖头，长 1 ～ 5cm，或 2（3）根聚生，主干上每刺窝可具 10 ～ 12 根刺。叶钻形，早落。花单生，辐状，直径 5 ～ 7.5cm，深黄色；柱头 6 ～ 10。浆果梨形或倒卵球形，熟时紫红色，长 5 ～ 7.5cm。花期 5 ～ 6 月，果期 11 ～ 12 月。

地理分布　原产于南美洲，我国引种；鄞州、奉化、宁海、象山有归化，宁波市各县（市、区）及浙江省沿海地区常见栽培，在沿海岛屿和浙南地区可露地生长并开花结实；在云南、广西、福建、台湾已成为归化种。为本次调查发现的浙江省归化新记录植物。

生境　生于岩质海岸悬崖石隙，常形成单优群落，也生于滨海岩质山坡、村宅旁陡坎及围墙上，以及滨海沙滩潮上带灌草丛中。

主要用途　花美丽，供观赏，温暖地区也适作刺篱；茎为民间草药；浆果酸甜可食。

037 多枝紫金牛 东南紫金牛

学名 *Ardisia sieboldii* Miq.　　科名 紫金牛科 Myrsinaceae

形态特征 常绿灌木或小乔木，高 1 ～ 3m。树皮灰白色；多分枝；小枝粗壮，幼时疏生褐色鳞片及细皱纹。叶互生；叶片软革质，狭倒卵形、倒卵状披针形，长 6 ～ 13cm，宽 2.5 ～ 5cm，先端圆钝或急尖，基部楔形，全缘，下面被褐色鳞片；叶柄长 5 ～ 15mm。花序近枝端腋生，复伞形或复聚伞状，总梗长 3 ～ 7cm，花梗长约 5mm，均被锈色鳞片和微柔毛；花小，白色。果球形，直径 5 ～ 7mm，熟时紫褐色。花期 5 ～ 6 月，果期 11 ～ 12 月。

地理分布 见于象山（南韭山、蚊虫山、北渔山）；产于温州沿海各县（市、区）及普陀、路桥、温岭、玉环、文成；分布于福建、台湾；日本南部也有。

生境 生于岩质海岸海湾岬角潮上带林缘，也见于海滨沟谷林下、山麓灌丛中。

主要用途 枝叶茂密，花序洁白，可供园林绿化观赏。

岩质海岸植物
泥质海岸植物
砂质海岸植物
咸水水域植物
滨海丘陵植物

039 平翅三角枫

学名 ***Acer buergerianum*** Miq. var. ***horizontale*** Metc. 科名 槭树科 Aceraceae

形态特征 落叶灌木或小乔木，高 3～5m。叶对生；叶片轮廓通常倒卵形，长 6～8cm，宽 4～6cm，有时宽大于长，3 中裂，裂片间的凹缺呈钝角，裂片先端钝尖或短渐尖，边缘通常全缘，叶片基部近圆形，三出脉，叶背灰绿色，被白粉；叶柄长 2.5～5cm。伞房花序顶生，总花梗长 1.5～2cm；花杂性；萼片、花瓣 5，子房密被淡黄色长柔毛。翅果长 2.3～2.7cm，翅宽 0.8～0.9cm，两翅外弯，张开近水平。花期 4 月，果期 9～10 月。

地理分布 见于余姚、镇海、北仑、鄞州、奉化、宁海、象山；产于乐清、永嘉、天台、仙居。

生境 生于岩质海岸潮上带林缘、海蚀崖上，也见于滨海山坡乱石堆中、沟谷溪边灌丛中。

主要用途 秋色叶树种，叶片及果实形状美丽，适应性强，适作绿化观赏；材用树种。

040 圆头叶桂 绢毛樟 瑞香桂

学名 ***Cinnamomum daphnoides*** Sieb. et Zucc. **科名** 樟科 Lauraceae

形态特征 常绿小乔木，高约 4m；树干常自基部多分枝。幼枝四棱形，淡黄色，连同叶背、叶柄、花序密被伏贴的淡黄色绢毛。叶近对生、对生或互生，密集；叶片革质，倒卵形至长圆形，长 3 ～ 4cm，宽 1.2 ～ 3cm，先端圆形，基部圆钝，上面深绿色，边缘向下翻卷，基出三出脉；叶柄长 5 ～ 8mm。聚伞状圆锥花序；花被片两面密被伏贴的柔毛。果实椭圆形，长 11 ～ 13mm，直径 8 ～ 9mm，熟时紫黑色，光亮。花期 6 月，果期 10 ～ 12 月。

地理分布 见于象山（南韭山）；分布于日本九州近海岸地区至冲绳诸岛。系本次调查发现的中国分布新记录植物。

生境 生于岩质海岸海拔 15 ～ 30m 的海蚀悬崖峭壁、山麓林中和山岙林缘。

主要用途 该种在日本高可达 10m。萌芽力强，枝叶稠密，叶片形小而光亮，树形优美，抗风性能强，耐干旱瘠薄，耐海雾，是滨海地区困难地绿化造林的优良乡土树种和园林观赏树种。该种是一个典型的中国 - 日本间断分布种，对于东亚尤其是中日植物区系的起源、发展研究具有一定的学术意义。现有群落面积仅 $200m^2$，共 20 丛，处于极危 (CR) 状态，亟待保护。

岩质海岸植物
泥质海岸植物
砂质海岸植物
咸水水域植物
滨海丘陵植物

第二节　泥质海岸植物

041 灰绿藜

学名 *Chenopodium glaucum* Linn.　科名 藜科 Chenopodiaceae

形态特征　一年生草本，高 20 ～ 40cm。茎平卧或外倾，具条棱及绿色或紫红色条纹。叶互生；叶片矩圆状卵形至披针形，长 2 ～ 4cm，宽 6 ～ 20mm，肥厚，先端急尖或钝，边缘具缺刻状牙齿，上面无粉，平滑，下面有粉而呈灰白色；叶柄长 5 ～ 10mm。花两性兼有雌性，通常数花聚成团伞花序，再于分枝上排列成短于叶的穗状或圆锥状花序；花小，浅绿色。胞果顶端露出于花被外。花果期 5 ～ 10 月。

地理分布　见于慈溪、余姚、镇海、北仑、鄞州、奉化、宁海、象山；产于浙江省沿海各县（市、区）；分布于我国除福建、江西、广东、广西、贵州、云南之外的其他各省份；全球温带地区广布。

生境　生于滨海围垦区旱地、水边、路旁及泥质、砂质海岸潮上带的滨海盐土上。

主要用途　茎叶可提取皂素，也可作为牲畜饲料。

042 盐角草 海蓬子

学名 *Salicornia europaea* Linn. 科名 藜科 Chenopodiaceae

形态特征 一年生肉质草本，高 10 ~ 40cm。茎直立，圆柱形；枝对生，具关节，密集向上。叶对生，不发育，鳞片状，长约 1.5mm，顶端锐尖，基部连合呈鞘状，边缘膜质。圆柱形穗状花序生于枝上部，长 1 ~ 5cm；花小，两性，陷入花序轴内，雄蕊伸出花被。胞果包藏于花被内。晚秋全株变红色。花果期 7 ~ 9 月。

地理分布 见于慈溪；产于岱山、普陀、临海、温岭、玉环；分布于华北、西北和江苏、山东、河南、辽宁；印度及东亚、欧洲、非洲和北美也有。

生境 生于滨海围垦区低湿地、盐田旁的重盐土上。

主要用途 全草可作利尿剂，可抗坏血病；潮湿环境的盐土指示植物。

043 碱蓬 灰绿碱蓬

学名 ***Suaeda glauca*** (Bunge) Bunge　　科名 藜科 Chenopodiaceae

形态特征　一年生草本，高达 1m。茎直立，圆柱状，具细条棱，上部多细长分枝，上升或斜升；枝叶无毛。叶互生；叶片半圆柱状条形，肉质，长 1.5～5cm，宽约 1.5mm，灰绿色，常稍向上弯曲。花单生或 2～5 朵簇生于叶片基部，其总花梗与叶柄合生；花小，黄绿色或灰绿色。胞果扁五角星状，包于花被内。花果期 7～9 月。

地理分布　见于慈溪、余姚、镇海、江北、北仑、鄞州、奉化、宁海、象山；产于浙江省沿海各县（市、区）；分布于东北、华北、西北及河南、山东、江苏、福建；东北亚地区也有。

生境　生于滨海围垦区的养殖塘、盐田的堤岸、荒地等轻盐土或中盐土上，也见于沙滩、砾石滩涂的潮上带附近。

主要用途　种子含油量约 25%，供工业用；滨海盐土指示植物。

045 拟漆姑

学名 *Spergularia marina* (Linn.) Griseb. 科名 石竹科 Caryophyllaceae

形态特征 一或二年生草本，高 5 ～ 20cm。茎丛生，铺散，多分枝，上部密被柔毛。叶对生；叶片线形，肉质，长 5 ～ 30mm，宽 1 ～ 1.5mm，顶端钝，具突尖，近平滑或疏生柔毛；托叶宽三角形，长 1.5 ～ 2mm，膜质。花集生于茎顶或叶腋，形成总状聚伞花序，果时下垂；花梗、萼片被腺柔毛；花瓣淡粉紫色或白色，卵状长圆形或椭圆状卵形，顶端钝。蒴果卵形， 3 瓣裂；仅部分种子具翅。花期 5 ～ 7 月，果期 6 ～ 9 月。

地理分布 见于慈溪、余姚、奉化、象山；产于岱山、定海、玉环、乐清、洞头、苍南；分布于东北、华北、西北及山东、江苏、河南、四川、云南；欧洲、亚洲和非洲北部也有。

生境 生于滨海围垦区低湿地、盐田旁的重盐土上。

主要用途 嫩苗可作为蔬菜；重盐土指示植物。

046 日本百金花

学名 *Centaurium japonicum* (Maxim.) Druce　科名 龙胆科 Gentianaceae

形态特征　一年生草本，高 5～30cm。全株无毛；茎直立，淡绿色，近四棱形，多分枝。叶对生；基部叶具短柄，匙形；茎生叶多对，无柄，矩圆形、椭圆形或卵状椭圆形，长 8～22mm，宽达 12mm，向上部叶渐小，先端钝圆，基部圆形，半抱茎，叶脉 1～3 条。花单生叶腋和枝顶，无梗，呈穗状聚伞花序；花粉红色，高脚杯状。蒴果狭矩圆形，无柄。花果期 5～7 月。

地理分布　见于宁海、象山（泗洲头）；产于三门、洞头、苍南；分布于台湾；日本也有。

生境　生于海滨潮上带附近的泥质岸滩上。

主要用途　花色艳丽，株型玲珑，适作观赏地被。

附种　百金花 ***C. pulchellum*** var. ***altaicum***，叶片小而窄，宽不逾 6mm，二歧式或总状聚伞花序，花具明显花梗。见于慈溪、镇海；生境、用途基本同日本百金花。

百金花

047 碱菀

学名 *Tripolium pannonicum* (Jacq.) Dobrocz.　科名 菊科 Compositae

形态特征 一年生草本，高 0.3 ～ 1cm。茎直立，下部常带红色；枝叶无毛。叶互生；基部叶在花期枯萎；下部叶片线形或长圆状披针形，肉质，长 5 ～ 10cm，宽 0.5 ～ 1.2cm，先端急尖，基部渐狭，全缘或具疏锯齿，无柄；上部叶片渐小。头状花序直径 2 ～ 2.5cm；总苞近管状，花后钟状；缘花舌状，蓝紫色；盘花管状，黄色。瘦果长扁圆形，被疏毛。花果期 8 ～ 12 月。

地理分布 见于慈溪、余姚、镇海、江北、北仑、鄞州、奉化、宁海、象山；产于浙江省沿海各县（市、区）；分布于江苏、山东、陕西、山西、甘肃、新疆、内蒙古、辽宁、吉林；东北亚、中亚、亚洲西南部、非洲北部、欧洲也有。

生境 生于滨海围垦区低湿的盐碱地、堤岸、路旁。

主要用途 花大而美丽，适作观赏地被和花境；嫩茎叶可作为蔬菜。

049 蓝花子 海萝卜

学名 ***Raphanus sativus*** Linn. var. ***raphanistroides*** (Makino) Makino 科名 十字花科 Cruciferae

形态特征 二或一年生草本，高达1m。主根细长，不呈肉质肥大；茎有分枝，连同叶柄、叶轴下面常具硬毛。叶互生；叶片大头羽裂，长20～30cm，宽8～10cm，侧裂片3～7对，基生叶有时仅1～2对，向基部略缩小，边缘具不整齐大牙齿或缺刻。总状花序顶生或腋生；花淡红紫色或白色；花瓣倒卵形，长约2cm。长角果直立，稍革质，长1～2cm。花果期4～6月。

地理分布 见于慈溪、镇海、北仑、宁海、象山；产于浙江省沿海各县（市、区）；分布于江苏、台湾等省份；日本、韩国也有。

生境 生于滨海平原近海岸的盐碱地，砂质、砾石质海滩潮上带，滨海低丘山坡、路旁。

主要用途 全草可作为绿肥；种子入药，具宽中下气、通食解毒之功效；种子含油36.7%，可食用。

050 野胡萝卜 鹤虱草

学名 ***Daucus carota*** Linn.　　科名 伞形科 Umbelliferae

形态特征　二年生草本，高达 1.2m。茎单生；全体被白色粗硬毛。基生叶长圆形，2～3 回羽状全裂，末回裂片线形或披针形，长 2～15mm，顶端尖锐，有小尖头；叶柄长 3～12cm；茎生叶近无柄，有叶鞘，末回裂片小或细长。复伞形花序顶生或侧生；总苞片叶状；伞辐多数，长 2～7.5cm；小总苞片 5～7；花白色或淡红色。果实圆卵形，棱上有白色刺毛。花期 5～7 月，果期 6～8 月。

地理分布　见于慈溪、余姚、镇海、江北、北仑、鄞州、奉化、宁海、象山；产于杭州、舟山、温州沿海各县（市、区）及遂昌；分布于江苏、江西、安徽、湖北、贵州、四川；东南亚及欧洲也有。

生境　生于滨海围垦区盐碱地、砂质海岸潮上带、平原旷野或田间、丘陵山坡路旁，常成为群落优势种。

主要用途　果实入药，名“南鹤虱”，有驱虫作用，也可提取芳香油。

051 滨蒿 滨艾

学名 *Artemisia fukudo* Makino　　科名 菊科 Compositae

形态特征　多年生草本，高达90cm。茎直立，粗壮，分枝多而纤细。叶互生，被脱落性蛛丝状毛；基生叶莲座状，叶片宽扇形，稍肉质，3～4掌状深裂，先端圆钝；茎下部者3～4羽状深裂，裂片疏离，线形；茎上部者3裂或线形，全缘。头状花序倒圆锥形，排列呈狭长的圆锥状。花果期9～12月。

地理分布　见于奉化、宁海、象山；产于岱山、定海、三门、温岭、苍南；分布于台湾；日本、韩国也有。

生境　生于海滨泥质滩涂潮上带。

主要用途　可提炼滨蒿精油（AFE），主要成分为α-侧柏酮（48.28%）、β-苎酮（12.69%）、樟脑（6.95%）和石竹烯（6.01%），用于治疗炎症性疾病。

052 剪刀股

学名 ***Ixeris japonica*** (Burm. f.) Nakai　科名 菊科 Compositae

形态特征　多年生草本，高 12 ～ 35cm。茎具长匍茎。基生叶莲座状，叶片匙状倒披针形，长 5 ～ 15cm，宽 1 ～ 3cm，基部下延成叶柄，全缘、具疏齿或下部浅羽状分裂；茎生叶 1 ～ 2 或无，全缘，无柄。头状花序直径 1.5 ～ 2cm，1 ～ 6 枚在枝端排成伞房花序；总苞长 12 ～ 14mm，总苞片 2 ～ 3 层，外层副萼状，内层花后多少增厚呈龙骨状。花全为舌状，黄色。瘦果长 5mm，顶端急尖成 2 ～ 3mm 长的细喙。花果期 4 ～ 6 月。

地理分布　见于北仑、鄞州、奉化、宁海、象山；产于浙江省沿海平原地区；分布于福建、广东、台湾、广西、辽宁；朝鲜半岛及日本。

生境　生于滨海围垦区盐碱地、路边低湿地及田边。

主要用途　全草供药用，有清热解毒之功效。

053 匍茎苦菜 长裂苦苣菜

学名 ***Sonchus brachyotus*** DC.　　科名 菊科 Compositae

形态特征　多年生草本，高 30～80cm。根状茎匍匐；茎直立，圆柱形，不分枝，无毛。叶互生；下部叶片长圆状倒披针形，长 10～20cm，宽 2～6cm，先端钝圆或渐尖，基部渐狭，具狭翅；中部叶片边缘具稀疏缺刻或浅羽裂，裂片三角形，边缘具不规则波状或刺状尖齿，基部圆形耳状抱茎；上部叶片线形，背面灰白色。伞房状花序；头状花序直径 3～5cm；总苞钟状，无腺毛；花黄色，全为舌状花。花果期 8～10 月。

地理分布　见于慈溪、余姚、镇海、江北、北仑、鄞州、奉化、宁海、象山；产于浙江省沿海各县（市、区）；分布于全国多数省份；东北亚、中亚部分国家和泰国也有。

生境　滨海平原围垦区低湿地、堤岸、路旁盐碱地。

主要用途　全草入药，具清热解毒、凉血利湿之功效；茎叶可作为生物农药；花大，色彩艳丽，适作观赏地被、花境。

054 海雀稗

学名 ***Paspalum vaginatum*** Sw.　　科名 禾本科 Gramineae

形态特征　多年生匍匐草本。具根状茎与长匍匐茎，其节间长约4cm，节上抽出直立的枝秆，秆高10～50cm。叶鞘大多长于其节间，鞘口具长柔毛；叶片线形，长3～10cm，顶端渐尖，内卷。总状花序大多2枚，对生，有时1或3枚，长3～5cm；穗轴无毛；小穗卵状披针形，长约3.5mm，顶端尖；第二颖中脉不明显；第二外稃明显短于小穗，顶端尖，具微毛。花果期6～9月。

地理分布　原产于福建、台湾、香港、海南、云南；慈溪十塘有栽培；全世界热带、亚热带地区广布。

生境　片状栽培于一线海塘堤坝内侧、河岸湿地。

主要用途　耐浸淹、盐碱、淤埋，扩繁能力强，是优良的滨海湿地绿化、消浪促淤及固堤护岸植物；嫩茎叶可作为牲畜饲料。

057 弱锈鳞飘拂草 锈鳞飘拂草

学名 ***Fimbristylis sieboldii*** Miq. ex Franch. et Sav.　科名 莎草科 Cyperaceae

形态特征　多年生草本，高 15 ～ 30cm。秆丛生，扁三棱形，较细弱。下部的叶无叶片，仅具灰褐色的叶鞘；上部的叶片线形，宽约 1mm，短于秆。苞片 1 ～ 3；聚伞花序具 1 ～ 2（～ 4）个小穗；小穗披针状圆柱形，长 6 ～ 12mm，宽 2.5 ～ 3mm，密生多花；鳞片宽卵形，棕色，具 1 脉，先端具短尖；柱头 2。小坚果宽倒卵形，扁双突状，平滑。花果期 6 ～ 10 月。

地理分布　见于慈溪、余姚、镇海、北仑、鄞州、奉化、宁海、象山；产于杭州、舟山、台州、温州沿海各县（市、区）；分布于江苏、安徽、山东、安徽、福建、广东、台湾、海南；日本、韩国也有。

生境　生于泥质海岸潮上带附近的低湿地、盐水沼泽，围垦区低湿盐碱地，也见于岩质海岸潮上带石缝。

058 田葱

学名 ***Philydrum lanuginosum*** Banks et Sol. ex Gaertn.　科名 田葱科 Philydraceae

形态特征　多年生草本，高达1m。叶剑形，顶端渐狭，等边单面，黄绿色，无毛，海绵质柔软，具7～9脉，连叶鞘长30～80cm；叶鞘长14～30cm，宽1～1.5cm，厚2～4mm。总花轴细长圆柱状，密被白色绵毛，通常带有2或3叶；穗状花序单一，有时分枝；苞片卵形；花黄色。蒴果三角状长圆形，长8～10mm，密被白色绵毛。种子多数，花瓶状，暗红色。花期6～7月，果期9～10月。

地理分布　见于象山(松兰山东沙滩)；分布于福建、台湾、广东、广西；日本、印度、澳大利亚、巴布亚新几内亚及东南亚也有。该种及其所属科、属均为本次调查发现的浙江省分布新记录。

生境　生于滨海山岙海拔10m左右的水沟边。

主要用途　本种可供药用，具清热利湿之功效；株形优美，是优良的湿地观赏植物。

岩质海岸植物
泥质海岸植物
砂质海岸植物
咸水水域植物
滨海丘陵植物

059 鹅绒藤

学名 *Cynanchum chinense* R. Br. 科名 萝藦科 ASclepiadaceae

形态特征 多年生草质缠绕藤本。全体被短柔毛。叶对生；叶片宽三角状心形，长 4 ～ 9cm，宽 4 ～ 7cm，先端锐尖，基部心形，叶面深绿色，叶背灰白色，侧脉约 10 对。伞形聚伞花序腋生，2 歧，着花约 20 朵；花白色。蓇葖双生，或仅有一个发育，细圆柱状，长 11cm，直径约 5mm；种子具白色绢质种毛。花期 6 ～ 8 月；果期 8 ～ 10 月。

地理分布 见于慈溪、北仑、象山；产于定海、普陀等地；分布于辽宁、河南、山东、江苏及华北、西北的部分省份。

生境 生于滨海围垦区的重盐土上。

主要用途 全株可作祛风剂。

061 美国蜡杨梅

学名 *Myrica cerifera* Linn.　　科名 杨梅科 Myricaceae

形态特征　常绿灌木或小乔木。小枝褐色，密被短柔毛。叶互生；叶片革质，倒披针形，揉碎具香味，中脉上面突起，先端钝尖，基部狭楔形，边缘近先端具稀疏钝齿或全缘；叶柄短，密被短柔毛。花单性异株；穗状花序生于去年生枝上，斜上伸展。核果淡绿色，具淡蓝色蜡层。花期 4 ～ 5 月。

地理分布　原产于美洲热带、亚热带和暖温带低海拔海岸地区；慈溪、鄞州、宁海、象山有栽培；浙江沿海部分县（市、区）也有引种。

生境　滨海围垦区堤岸、河岸、路旁栽培。

主要用途　耐水湿、盐碱、干旱、瘠薄，抗风、海雾，是海岸基干林带的混交配置树种之一；枝叶耐修剪，易造型，可供园林观赏；果实可制蜡。

063 海滨木槿 海塘树 日本黄槿

学名 ***Hibiscus hamabo*** Sieb. et Zucc. 科名 锦葵科 Malvaceae

形态特征 落叶小乔木或灌木，高达 4m。枝、叶、花梗及花萼、果实等均密被灰白色或淡黄色星状绒毛和细伏毛。叶互生；叶片厚纸质，倒卵圆形、扁圆形或宽倒卵形，长 3 ～ 6cm，宽 3.5 ～ 7cm，先端圆形或近平截，具突尖，边缘中上部具细圆齿，具 5 ～ 7 脉；叶柄长 0.8 ～ 2cm。花单生于枝端叶腋；花冠钟状，直径 5 ～ 6cm，淡黄色，具暗紫色心。蒴果三角状卵形，长约 2cm。花期 6 ～ 8 月，果期 8 ～ 9 月。

地理分布 见于北仑(大榭岛)、奉化(缸爿山)、象山(松兰山、马岙等)，慈溪、余姚、镇海、江北、鄞州、宁海有栽培；产于定海；日本、韩国也有。

生境 生于泥质海岸、砂质海岸潮上带附近的滨海盐土上、石缝中。

主要用途 树冠浓密，花金黄色，形大色艳，花期长，是优良的花灌木，适作沙滩、盐碱地绿化，也可作花篱、切花。浙江省重点保护野生植物。

065 木麻黄

学名 *Casuarina equisetifolia* Forst. 科名 木麻黄科 Casuarinaceae

形态特征 常绿大乔木。树皮内皮鲜红色或深红色。大枝红褐色；末次分枝纤细下垂，长25～27cm，直径小于1mm，灰绿色，节密易断，节间长4～9mm，具7～8棱。每节具鳞片叶7，稀6或8，近透明。雌雄同株或异株；雄花序顶生或侧生，圆柱形，长1～4cm；雌花序生于短侧枝顶。果序侧生，椭圆形，长15～25mm；果苞12～14列，外面被脱落性黄褐色绒毛。花期5～6月，果期8～11月。

地理分布 原产于澳大利亚；慈溪、余姚、镇海、江北、北仑、鄞州、奉化、宁海、象山有栽培；浙江台州、温州沿海各县（市、区）及舟山部分岛屿有引种；福建、台湾、广东、广西普遍栽植；美洲热带及东南亚沿海也广泛引种。

生境 滨海围垦区堤岸、河岸、路旁和泥质、砂质海岸潮上带，也常栽于滨海山坡丘陵。

主要用途 本种体态优美，生长迅速，且耐水湿、盐碱、干旱、瘠薄，抗风、海雾，是海岸基干林带、农田防护林网、山地水土保持林和园林绿化的优良树种；木材硬重，耐腐力强，可作枕木、建筑用材；树皮富含单宁，可提取栲胶；枝叶入药，治疝气、阿米巴痢疾及慢性支气管炎。

066 弗栎 弗吉尼亚栎

学名 *Quercus virginiana* Mill.　　科名 壳斗科 Fagaceae

形态特征　半常绿乔木。小枝被脱落性微柔毛或星状毛。叶互生；叶片倒卵形至倒披针形，长 3.5～9cm，宽 2～4cm，基部楔形至圆形，先端钝圆或锐尖，全缘或每侧具 1～3 个不规则尖齿，侧脉 6～9 对，上面深绿色，有光泽，无毛或疏被星状毛，下面灰白色，密被星状毛；叶柄长 1～10mm。果序长 1～2cm；总苞 1～3 个，半球或深杯状，直径 8～15mm，基部常缢缩；坚果卵球形。花期 4 月，果期 10 月。

地理分布　原产于美国东南部沿海平原的常绿阔叶林和灌木林地，偶尔分布于海边沙滩；慈溪、鄞州、宁海、象山有栽培；浙江沿海上虞、温岭等县（市、区）也有引种。

生境　滨海围垦区盐碱地栽培。

主要用途　枝条柔韧，根系发达，极耐滨海盐碱、海雾及海水短期浸泡，抗风性强，是海岸基干林带的混交配置树种之一；也可供园林观赏。

067 加拿利海枣

学名 ***Phoenix canariensis*** Chabaud　　科名 棕榈科 Palmaceae

形态特征　常绿乔木。茎粗壮，直径可达 50cm 以上。叶片顶生，密集丛出，长 4 ～ 6m，羽状全裂，裂片 300 ～ 400；裂片狭条形，长 30 ～ 40cm，宽 2 ～ 3cm，近基部的裂片退化成针刺状，基部由黄褐色网状纤维包裹。穗状花序腋生，长可达 1m 以上；花小，黄褐色。果实卵球形至长椭圆形，熟时黄色至淡红色。花期 5 ～ 7 月，果期 8 ～ 9 月。

地理分布　原产于非洲加那利群岛；慈溪、余姚、镇海、江北、北仑、鄞州、奉化、宁海、象山有栽培；杭州、舟山、台州、温州部分县（市、区）和华南及福建、上海也有栽培。

生境　栽培于泥质海岸围垦区盐碱地，也见于城市、城镇公园。

主要用途　树形优美，耐盐碱、抗风，能耐 –10℃低温，适作海岸基干林带配置树种，在园林中可作园景树、行道树，幼树也可盆栽观赏；果熟时可鲜食，具枣香味。

第三节　砂质海岸植物

068 狭叶尖头叶藜

学名 ***Chenopodium acuminatum*** Willd. subsp.***virgatum*** (Thunb.) Kitamura　　科名 藜科 Chenopodiaceae

形态特征　一年生草本，高 20 ～ 80cm。茎直立，具条棱，多分枝。叶片狭卵形、长圆形至披针形，长 0.8 ～ 3cm，宽 0.5 ～ 1.5cm，先端急尖或短渐尖，有短尖头，基部楔形，上面无粉，浅绿色，下面多少有粉，灰白色，全缘并具半透明的环边。穗状或穗状圆锥状花序；花两性，花被片 5，果时增厚并彼此合成五角星形。胞果扁圆形。花果期 7 ～ 11 月。

地理分布　见于慈溪、奉化、象山；产于嵊泗、岱山、普陀、玉环、洞头、瑞安、平阳、苍南；分布于江苏、上海、福建、台湾、广东、广西、河北、辽宁；日本也有。

生境　生于海滨沙滩，也见于岩质、砾石质海岸潮上带附近。

主要用途　耐干旱、盐碱，抗沙埋，是滨海地区良好的固沙植物。

069 无翅猪毛菜 冈羊栖菜

学名 *Salsola komarovii* Iljin　　科名 藜科 Chenopodiaceae

形态特征　一年生草本，高 20 ~ 50cm。茎直立，自基部分枝；枝互生，伸展，茎、枝无毛，黄绿色，有白色或紫红色条纹。叶互生，叶片半圆柱形，长 2 ~ 5cm，宽 2 ~ 3mm，顶端有小短尖，基部扩展，稍下延。花序穗状，生于枝条的上部。胞果倒卵形，直径 2 ~ 2.5mm。花期 7 ~ 8 月，果期 8 ~ 10 月。

地理分布　见于象山（爵溪）；产于平湖、岱山、普陀；分布于东北和河北、山东、江苏；俄罗斯远东地区、朝鲜半岛及日本也有。

生境　生于海滨沙滩潮上带或沙丘风沙土上。

主要用途　耐干旱、盐碱，抗沙埋，是滨海地区良好的固沙植物。

070 刺沙蓬 刺蓬

学名 ***Salsola tragus*** Linn. 科名 藜科 Chenopodiaceae

形态特征 一年生草本，高 20 ~ 80cm。茎直立，自基部分枝，茎、枝生短硬毛或近无毛，有白色或紫红色条纹。叶互生，连同苞片、小苞片顶端有刺状尖；叶片半圆柱形或圆柱形，无毛或有短硬毛，长 1.5 ~ 4cm，宽 1 ~ 1.5mm，基部扩展。花序穗状，生于枝条的上部；苞片长卵形，比小苞片长；小苞片卵形；花被片长卵形，果时背面有 1 直径 7 ~ 10mm 的横生翅，翅具脉纹。花期 7 ~ 9 月，果期 9 ~ 10 月。

地理分布 见于象山（南田岛）；产于岱山、普陀；分布于东北、华北、西北及西藏、山东、江苏、上海；蒙古国、俄罗斯也有。

生境 海滨沙滩潮上带或沙丘风沙土上。

主要用途 耐干旱、盐碱，抗沙埋，是滨海地区良好的固沙植物；花期的植株地上部分具降压作用。

071 番杏 法国菠菜

学名 ***Tetragonia tetragonioides*** (Pall.) Kuntze　科名 番杏科 Aizoaceae

形态特征　一年生肉质草本，无毛，表皮细胞内有针状结晶体，呈颗粒状突起。茎初直立，后平卧上升，高 40 ~ 60cm，肥粗，淡绿色，从基部分枝。叶互生；叶片卵状菱形或卵状三角形，长 4 ~ 10cm，宽 2.5 ~ 5.5cm，边缘波状；叶柄长 5 ~ 25mm。花单生或 2 ~ 3 朵簇生叶腋；花被裂片 3 ~ 5，常 4，内面黄绿色。坚果陀螺形，具钝棱，有 4 ~ 5 角，附有宿存花被。花果期 4 ~ 11 月。

地理分布　见于北仑、鄞州、象山；产于舟山、台州、温州沿海各县（市、区）；分布于江苏、上海、福建、台湾、广东、云南；日本及亚洲南部、大洋洲、南美洲也有。

生境　生于滨海沙滩、砂砾质或砾石质海滩高潮线附近的滩地、岩石旁。

主要用途　嫩茎叶富含铁、钙、维生素 A 和各种维生素 B，可作为蔬菜，也可药用，具清热解毒、祛风消肿之功效。

072 龙爪茅

学名 ***Dactyloctenium aegyptium*** (Linn.) Willd.　科名 禾本科 Gramineae

形态特征　一年生草本，高 15 ～ 60cm。叶鞘松弛，鞘口具柔毛；叶舌膜质，长 1 ～ 2mm，具纤毛；叶片条形，长 2 ～ 10cm，宽 2 ～ 5mm。穗状花序 2 ～ 7 个指状排列于茎顶，长 1 ～ 4cm；小穗长 3 ～ 4mm，含 3 ～ 4 朵小花；第二颖先端具长 1 ～ 2mm 之芒；外稃脊上有小糙刺，第一外稃长约 2.5mm；内稃先端 2 裂，翼上具短纤毛。种子赤黄色，圆球形，直径约 1mm，具皱纹。

地理分布　见于奉化、象山；产于岱山、普陀、永嘉、洞头、平阳；分布于福建、台湾、广东沿海及西南；广布于北半球的热带、暖温带地区，欧洲、美洲有引种。

生境　生于海滨沙滩潮上带、沙丘上，也生于泥质海岸潮上带草丛中。

主要用途　种子可食用；植株可作为饲料及草皮。

073 假牛鞭草

学名 ***Parapholis incurva*** (Linn.) C. E. Hubb. 科名 禾本科 Gramineae

形态特征 一年生草本，高 10 ～ 40cm。秆光滑，具棱角，具 5 ～ 6 节，自基部第二节即具分枝。叶鞘短于节间，光滑；叶舌长 0.5 ～ 1mm，无毛；叶片条形，长 4 ～ 12cm，宽 1 ～ 2mm，无毛。穗状花序圆柱形而稍压扁，长 4 ～ 10cm，常呈镰刀状弯曲，单生于主秆或分枝之顶端，或因分枝短缩而呈 3 ～ 5 枚簇生于一鞘内；小穗长 7 ～ 8mm。颖果长圆状圆柱形，长约 3.5mm，无毛。花果期 5 ～ 6 月。

地理分布 见于慈溪、奉化、象山；产于舟山市各县（区）及三门、乐清、洞头、瑞安、平阳、苍南；分布于福建；欧洲、非洲北部、亚洲西南部及土库曼斯坦、澳大利亚西部也有。

生境 生于滨海沙滩潮上带附近草丛中，也见于泥质海岸、滨海围垦区盐碱地、路旁。

074 麦家公

学名 ***Lithospermum arvense*** Linn. 科名 紫草科 Boraginaceae

形态特征 二年生草本，高20～40cm，全株有糙毛。茎直立，自基部或上部分枝。叶互生；叶片倒披针形、条状倒披针形或条状披针形，长1.5～4cm，宽2～7mm，先端急尖或钝，基部狭楔形，近无柄。聚伞花序顶生；花冠白色转淡蓝紫色。小坚果4，卵形或圆锥形，表面具小瘤状突起。花果期3～6月。

地理分布 见于北仑、象山（南田岛）；产于定海、普陀及临安；分布于华东、华中、西南、西北、华北、东北的部分省份；亚洲温带、欧洲也有。

生境 生于海滨沙滩的沙堤内侧、路旁草丛中。

主要用途 株形优美，花色夺目，耐干旱、盐碱，适作缀花草坪、花境。

075 海滨香豌豆 海滨山黧豆

学名 ***Lathyrus japonicus*** Willd. 科名 豆科 Leguminosae

形态特征 多年生草本，高 20 ～ 60cm。具横走根状茎；茎基部匍匐，分枝曲折上升，具棱；茎、叶无毛。羽状复叶有小叶 3 ～ 5 对，叶轴末端具卷须；小叶片长椭圆形或长倒卵形，先端圆或急尖；托叶大，箭形。总状花序比叶短，有花 2 ～ 5 朵；花紫色。荚果长约 5cm，宽 7 ～ 11mm，压扁；种子黑色，近球状。花期 4 ～ 7 月，果期 6 ～ 8 月。

地理分布 见于北仑、鄞州、宁海、象山；产于岱山、定海、普陀、三门、路桥、温岭、玉环、瑞安、平阳、苍南；分布于辽宁、河北、山东；日本、俄罗斯及欧洲北部、北美沿海地区也有。

生境 生于海滨沙滩潮上带、风成沙丘上，常呈小片状。

主要用途 耐干旱、盐碱，抗沙埋，花色艳丽，是优良的固沙和沙滩美化植物；浙江省重点保护野生植物。

076 珊瑚菜 北沙参

学名 *Glehnia littoralis* F. Schmidt ex Miq. 科名 伞形科 Umbelliferae

形态特征 多年生草本，高 5 ～ 20cm。主根细长圆柱形，长达 25cm，肉质；茎直立，下部常埋入沙中，密被褐色多细胞柔毛。基生叶柄长约 10cm；叶质厚，阔三角形，长 5 ～ 12cn，宽 6 ～ 10cm，三出式羽状分裂或 2 ～ 3 回羽状深裂，末回裂片倒卵形或倒卵状椭圆形，先端钝圆，边缘具不整齐粗齿，上面光亮；茎生叶与基生叶相似，叶柄基部鞘状抱茎。复伞形花序顶生，总花梗被白色柔毛；花白色或带紫堇色。花期 5 ～ 6 月，果期 7 ～ 8 月。

地理分布 见于象山；产于嵊泗、岱山、普陀、平阳；分布于辽宁至广东及台湾的沿海地区；俄罗斯远东地区、朝鲜半岛及日本也有。

生境 生于海滨沙滩潮上带、风成沙丘上，常呈小片状。

主要用途 国家Ⅱ级重点保护野生植物。根为中药北沙参，具养阴清肺、镇咳祛痰之功效，滋阴作用较强；耐干旱、盐碱，抗沙埋，叶色光亮，花色艳丽，也是海滨沙滩优良的美化和固沙植物。

077 日本琉璃草 鬼琉璃草

学名 *Cynoglossum asperrimum* Nakai　　科名 紫草科 Boraginaceae

形态特征　多年生草本，高 40 ～ 80cm。茎直立，下部密生开展的糙长毛，毛长 1 ～ 2mm；上部多分枝。叶互生；叶片长圆状披针形，下部的叶片长 10 ～ 20cm，宽 2 ～ 3cm，向上渐小，两端渐尖，上面连同下面脉上被糙硬毛，侧脉 3 ～ 4 对，网结；中、下部的叶柄长 1 ～ 5cm，向上渐短至无柄。总状花序顶生，锐角至直角分叉，长 15 ～ 20cm；花稍疏生；花梗长 2 ～ 3mm，果期可至 5mm；花冠淡蓝色，钟状，直径约 3mm，附属物半圆形。小坚果椭圆形，长约 3mm，密生锚状刺。花果期 6 ～ 10 月。

地理分布　见于象山爵溪白沙湾；日本、韩国也有。为本次调查发现的中国分布新记录植物。

生境　生于海滨沙滩的潮上带、固定沙丘草丛中。

主要用途　主根发达，适应性强，耐干旱、盐碱，抗沙埋，株形优美，花色夺目，适作沙滩美化、花境、沙丘固定。

078 细叶砂引草

学名 *Tournefortia sibirica* Linn. var. *angustior* (DC.) G. L. Chu et M. G. Gilbert　　科名 紫草科 Boraginaceae

形态特征　多年生草本，高 10 ～ 20cm，根状茎细长。茎具白色长柔毛。叶互生；叶片狭条形至条状倒披针形，长 1 ～ 3.5cm，宽 0.2 ～ 1cm，先端圆钝，基部楔形，近无柄，两面密被紧贴的白色长硬毛。聚伞花序伞房状，常 2 叉状分枝；花小而密集，白色，花冠筒长 5 ～ 6mm，外面密生细毛。小坚果宽椭圆形，有毛，先端凹陷。花果期 5 ～ 8 月。

地理分布　见于北仑（穿山）；产于嵊泗、岱山、普陀；分布于山东、上海、宁夏、河南、河北、山西、内蒙古、陕西、辽宁、黑龙江；俄罗斯、哈萨克斯坦也有。

生境　生于海滨沙滩潮上带附近。

主要用途　耐干旱、盐碱，花色洁白，适作花境、沙滩美化。

079 沙苦荬 匍匐苦荬菜

学名 ***Chorisis repens*** (Linn.) DC.　　科名 菊科 Compositae

形态特征　多年生草本。全株无毛，具乳汁；根状茎横走，茎匍匐。叶互生；叶片近心形，质厚，长 4 ～ 12cm，宽 2.5 ～ 5cm，3 ～ 5 掌状中裂、深裂或 3 全裂；裂片先端圆钝，边缘具不明显牙齿，2 ～ 3 浅裂或全缘，叶柄长达 8cm。头状花序具长梗，直径约 3cm，2 ～ 3 个生于花茎上；花全为舌状花，黄色。瘦果纺锤形，有 10 条平均分布的纵棱；冠毛白色。花果期 3 ～ 10 月。

地理分布　见于象山（松兰山、大文沙）；产于嵊泗、岱山、普陀、苍南；分布于华东、华南、华北、东北；俄罗斯、越南、日本及朝鲜半岛也有。

生境　生于海滨沙滩潮上带附近。

主要用途　叶形奇特，花色夺目，适作沙滩美化。

080 蟛蜞菊

学名 *Sphagneticola calendulacea* (Linn.) Pruski　　科名 菊科 Compositae

形态特征　多年生草本。全体密被短糙毛；茎上升或匍匐，多分枝，被柔毛。叶对生；叶片椭圆状披针形或倒卵状长圆形，长 2 ～ 6cm，宽 0.6 ～ 1.2cm，先端急尖或钝，全缘或有 1 ～ 3 对疏粗齿；无柄。头状花序少数，直径 1.5 ～ 2cm，单生叶腋或枝顶，梗长 3 ～ 10cm；总苞片长于托片；花黄色，缘花舌状，1 层，盘花管状。瘦果倒卵形，顶端圆，具冠毛环。花期 6 ～ 9 月，果期 8 ～ 10 月。

地理分布　见于象山（半边山）；产于临海、椒江、温岭、鹿城、洞头、平阳、苍南及文成；分布于辽宁、福建、广东、台湾；日本及东南亚也有。

生境　生于海滨沙滩潮上带附近的水沟边潮湿处，常呈小片状。

主要用途　耐干旱、瘠薄、盐碱，花色艳丽，是优良的固沙、沙滩美化植物，也可用于边坡复绿、石景点缀；全草药用，有清热凉血、拔毒止痒功效；嫩叶可作为野菜及饲料。

081 铺地黍

学名 ***Panicum repens*** Linn.　　科名 禾本科 Gramineae

形态特征　多年生草本，高达 1m。秆下部常匍匐或平卧，质地坚硬。叶鞘光滑，边缘具纤毛；叶舌短小，具纤毛；叶片条形，长 5 ~ 20cm，宽 3 ~ 6mm，上面被柔毛，下面光滑。圆锥花序开展，长 10 ~ 20cm；小穗长圆形，无毛，长约 3mm；第 1 颖长约为小穗的 1/4，先端截平或圆钝，脉不明显；第 2 颖与小穗等长，具 7 ~ 9 脉；第 2 小花两性。花果期 5 ~ 9 月。

地理分布　见于象山南田岛；产于台州、温州沿海各县（市、区）及普陀；分布于福建、台湾、广东、海南；热带、亚热带地区广布。

生境　生于海边沙滩潮上带、沙堤、水沟边，也见于泥质海岸潮上带、围垦区湿地。

主要用途　海滨沙滩优良的固沙植物、牧草。

082 沙滩甜根子草

学名 ***Saccharum spontaneum*** Linn. var. ***arenicola*** (Ohwi) Ohwi　　科名 禾本科 Gramineae

形态特征　多年生草本，高 1 ～ 1.5m。根状茎发达；秆散生，中空，坚硬，直径约 6mm，基部被叶鞘包裹，叶鞘上部被长柔毛，鞘口具长毛；叶舌长 1.5 ～ 3mm，卵形或卵状三角形，具纤毛。叶片条形，长 40 ～ 60cm，宽 4 ～ 6mm，边缘反卷，下面灰绿色，上面及边缘粗糙。圆锥花序狭窄，直立，长约 30cm，稠密，主轴密生丝状柔毛；分枝直立；小穗柄长 2 ～ 3mm；无柄小穗宽披针形，长 4 ～ 4.5mm，基盘具长 10mm 的丝状毛。花果期 7 ～ 8 月。

地理分布　见于象山；产于舟山、台州、温州沿海各县（市、区）；日本本州及琉球群岛也有。为本次调查发现的中国分布新记录植物。

生境　常片状生于滨海沙滩林缘、风成沙丘、潮上带附近。

主要用途　根系发达，耐干旱、盐碱，是优良的防风固沙植物和牧草。

083 中华结缕草

学名 *Zoysia sinica* Hance　　科名 禾本科 Gramineae

形态特征　多年生草本，高10～30cm。根茎横走；秆基部具枯萎叶鞘。叶鞘无毛，鞘口具白色须毛；叶舌短而不明显；叶片长达6cm，宽1～3mm，无毛，质地稍坚硬，边缘常内卷。总状花序穗状，长2～5cm，宽约5mm，基部伸出叶鞘外；小穗披针形，紫褐色，长4～5mm，宽1～1.5mm，小穗柄长约3mm，劲直。花果期5～10月。

地理分布　见于鄞州、奉化、宁海、象山；产于杭州、舟山、温州及三门；分布于江苏、福建、广东、山东、辽宁。

生境　小片状、带状生于海滨沙滩潮上带附近，也见于泥质海岸潮上带、岩质海岸石缝中。

主要用途　国家Ⅱ级重点保护野生植物。耐干旱、瘠薄，耐践踏，适作运动草坪，也是海滨优良的固沙植物。

084 砂钻薹草 筛草

学名 *Carex kobomugi* Ohwi　　科名 莎草科 Cyperaceae

形态特征　多年生草本，高 10～20cm。根状茎粗壮，木质。秆散生，粗壮，钝三棱形，基部被黑褐色纤维状残存老叶鞘。叶基生；叶片宽条形，革质，黄绿色，宽 4～6mm。苞片叶状，长于花序；雌雄异株；雄穗状花序长圆形，长约 4cm；雌穗状花序长圆形、长圆状卵形，长 4～6cm，直径 2～4cm，鳞片卵状披针形，长约 1.5cm，先端渐狭成芒尖，具多脉。果囊卵状披针形，长约 1cm，平凸状，顶端骤狭成长喙，喙口深 2 齿裂。小坚果长圆形或长圆状倒卵形；花柱基部略膨大，柱头 3。花果期 5～9 月。

地理分布　见于象山（爵溪、南田岛）；产于舟山及路桥、温岭、洞头、平阳、苍南；分布于江苏、安徽、山东、台湾、河北、辽宁、黑龙江及青海；俄罗斯远东地区、朝鲜半岛及日本也有。

生境　片状、带状生于海滨沙滩潮上带、沙丘上。

主要用途　耐干旱、瘠薄、盐碱，是海滨优良的固沙植物，也可作沙滩潮上带、沙丘观赏地被；果实含淀粉，可供食用。

085 矮生薹草

学名 *Carex pumila* Thunb. 科名 莎草科 Cyperaceae

形态特征 多年生草本，高 10 ～ 20cm。根状茎具长匍匐枝，木质。秆三棱形，几全被紫褐色网状残留叶鞘所包。叶集生，长于秆；叶片革质，条形，宽 2 ～ 4mm，深绿色。苞片叶状，长于花序；小穗 3 ～ 6 个，顶生者雄性；侧生者雌性，椭圆状圆柱形，长 1.5 ～ 3.5cm，鳞片长圆状披针形，长 5 ～ 6mm，先端渐尖，具 3 脉。果囊卵状披针形，长 5 ～ 8mm，具粗肋脉，顶端渐狭成短喙，喙口 2 裂。小坚果倒卵状长圆形，三棱状；花柱基部膨大，柱头 3。花果期 5 ～ 7 月。

地理分布 见于象山；产于舟山及温岭、洞头、瑞安、平阳、苍南；分布于辽宁至福建沿海各省份及台湾；俄罗斯远东地区、朝鲜半岛及日本也有。

生境 片状、带状生于海滨沙滩潮上带，偶见于砂砾质海岸。

主要用途 耐干旱、瘠薄、盐碱，是海滨优良的固沙植物，也可作沙滩潮上带观赏地被。

086 绢毛飘拂草

学名 *Fimbristylis sericea* (Poir.) R. Br. 科名 莎草科 Cyperaceae

形态特征 多年生草本，高 15 ～ 30cm，植株各部密被白色绢毛。根状茎被黑褐色纤维状残留叶鞘。秆散生，钝三棱形。叶基生，叶片宽 1.5 ～ 3.2mm，弯卷。苞片 2 ～ 3，叶状，短于花序；聚伞花序；小穗 3 ～ 15 个聚集呈头状，长圆状卵形，长 5 ～ 10mm，宽 2 ～ 2.5mm；鳞片卵形，长 3mm；柱头 2。小坚果倒卵形，双凸或平凸状，紫黑色。花果期 6 ～ 11 月。

地理分布 见于象山（爵溪、南田岛）；产于嵊泗、普陀、平阳；分布于江苏至广西沿海各省份及台湾；日本及朝鲜半岛、东南亚、大洋洲也有。

生境 生于海滨沙滩潮上带或风成沙丘上。

主要用途 耐干旱、瘠薄、盐碱，是海滨优良的固沙植物，也可作沙滩潮上带、沙丘观赏地被。

087 文殊兰

学名 *Crinum asiaticum* Linn. var. *sinicum* (Roxb. ex Herb.) Baker　科名 石蒜科 Amaryllidaceae

形态特征　多年生草本。植株粗壮，花茎高达1m；鳞茎圆柱形，假茎状，直径10～15cm。叶多列，带状披针形，长可达1m，宽7～15cm，先端渐尖，基部抱茎，边缘微皱波状，暗绿色。伞形花序顶生，有花10～24朵；花白色，芳香，高脚碟状；花被管纤细，长7～10cm，直径1.5～2mm，淡绿色，花被裂片线形，长4.5～9cm，宽7～10mm；花丝长4～5cm，花药黄色。蒴果近球形，直径3～5cm。花期7～10月。

地理分布　原产于浙江（洞头、瑞安、平阳、苍南）、福建、台湾、广东、广西；亚洲热带地区也有；慈溪、北仑、鄞州、奉化、宁海、象山和省内沿海各县（市、区）常见栽培。

生境　在原产地多生于海滨沙滩潮上带；在宁波栽培于城镇公园、庭院。

主要用途　叶与鳞茎药用，有活血散瘀、消肿止痛之功效；叶、花俱美，是优良的园林观赏植物。

088 肾叶打碗花 滨旋花

学名 *Calystegia soldanella* (Linn.) R. Br. 科名 旋花科 Convolvulaceae

形态特征 多年生匍匐草本；全株近无毛，具横走根茎。茎细长而平卧，有棱或有时具狭翅。叶互生；叶片肾形至肾心形，长1～3.5cm，宽1.2～5cm，先端微凹或圆钝，具小短尖，全缘或浅波状；叶柄长于叶片。花单生叶腋，花梗长2.5～7cm；花冠淡红色，钟状，长3.5～5cm，冠檐5浅裂。蒴果卵球形，长约1.6cm。花期5～6月，果期6～7月。

地理分布 见于慈溪、镇海、北仑、鄞州、奉化、宁海、象山；产于舟山、台州、温州沿海各县（市、区）及平湖；分布于辽宁至福建沿海及台湾；广布于亚洲、欧洲温带地区及大洋洲海滨。

生境 生于海滨沙滩潮上带附近、风成沙丘，常成片生长，偶见于泥质、砾石滩涂及海堤。

主要用途 叶形奇特，花大而美丽，耐干旱、盐碱，适作滨海沙滩美化。

089 单叶蔓荆

学名 *Vitex rotundifolia* Linn. f.　　科名 马鞭草科 Verbenaceae

形态特征　落叶灌木。茎匍匐，节处常生不定根。小枝四棱形，密生细柔毛。叶对生；叶片倒卵形或至近圆形，长 2～4.5cm，宽 1.5～3.5cm，先端钝圆，基部楔形至宽楔形，全缘，下面密被灰白色短绒毛；叶柄长 2～8mm。圆锥花序顶生，长 2～8cm，与花梗均密被灰白色短绒毛；花淡紫色或蓝紫色。核果近球形，径约 5mm。花果期 7～11 月。

地理分布　见于慈溪、镇海、北仑、鄞州、奉化、宁海、象山；产于舟山、台州、温州沿海各县（市、区）；分布于华东、华南及河北、辽宁；日本及东南亚、太平洋岛屿也有。

生境　生于海滨沙滩潮上带、风成沙丘、沙堤上，偶见于砾石滩潮上带、岩质海岸石缝。

主要用途　根、叶、果实入药；干燥果实名蔓荆子，主治风热头痛、目赤肿痛等症；耐干旱、盐碱和沙埋，可作海滨沙滩防风固沙、绿化美化树种。

090 小叶蜡子树 东亚女贞

学名 ***Ligustrum obtusifolium*** Sieb. et Zucc. subsp. ***microphyllum*** (Nakai) Green   科名 木犀科 Oleaceae

形态特征 落叶灌木，高 0.5 ～ 1m。小枝灰色，被微柔毛。叶对生；叶片长圆形，长 0.8 ～ 3cm，宽 0.4 ～ 1.3cm，先端急尖或钝，全缘，侧脉 3 ～ 4 对，上面不明显；叶柄长 0.5 ～ 1mm，无毛。顶生圆锥花序长 1.8 ～ 2.5cm；花白色，花冠长 7 ～ 8mm，花冠筒长约为裂片的 2.5 倍。浆果状核果球形，直径 4 ～ 6mm，熟时黑色。花期 6 月，果期 9 ～ 12 月。

地理分布 见于镇海、宁海、象山；产于舟山及三门、临海；分布于江苏；日本、韩国也有。

生境 生于海滨沙滩潮上带、风成沙丘上，也生于滨海山坡灌草丛中。

主要用途 耐干旱、盐碱，抗沙埋，是优良的固沙植物；叶片细小，株型紧凑，花色洁白，适作绿篱、盆景或供沙滩绿化美化。

091 缩刺仙人掌

学名 *Opuntia stricta* (Haw.) Haw.　　科名 仙人掌科 Cactaceae

形态特征 丛生肉质灌木。分枝狭倒卵形或倒卵形，长 15 ～ 25cm，宽 7 ～ 13cm，稍肥厚，先端圆形，基部楔形或渐狭，绿色，无毛；小窠大，疏生；刺不发育或单生于分枝边缘的小窠上。叶钻形，长 4 ～ 6mm，绿色，早落。花辐状，直径 5 ～ 6.5mm，黄色；柱头 5。浆果倒卵球形，顶端凹陷，基部狭缩成柄状，长 4 ～ 6cm，直径 2.5 ～ 4cm，表面无毛，紫红色，每侧具 5 ～ 10 个突起的小窠。花期 6 ～ 10 (～ 12) 月。

地理分布 原产于墨西哥东海岸、美国南部及东南部、巴哈马群岛；象山（南田岛大沙）有逸生；浙江省和南方沿海地区也有栽培或逸生；法国东南沿海和澳大利亚有归化。为本次调查发现的浙江省归化新记录物种。

生境 生于海滨沙滩风成沙丘上，呈小片状。

主要用途 适应性强，耐干旱瘠薄，较耐寒，花色艳丽，适作刺篱、庭院绿化、盆栽观赏；茎供药用；浆果酸甜可食。

092 蒲葵

学名 ***Livistona chinensis*** (Jacq.) R. Br. ex Mart. 科名 棕榈科 Palmae

形态特征 乔木状，高 5 ～ 20m，直径 20 ～ 30cm，基部常膨大。叶阔肾状扇形，直径可逾 1m，掌状深裂至中部，裂片条状披针形，顶部 2 深裂成长达 50cm 的丝状下垂的小裂片；叶柄长 1 ～ 2m，下部两侧有下弯的短刺。花序呈圆锥状，长约 1m。花小，两性，长约 2mm。果实椭圆形，长 1.8 ～ 2.2cm，直径 1 ～ 1.2cm，黑褐色。花果期 4 月。

地理分布 原产于我国广东、海南、台湾；日本也有；全市各地有栽培；浙江省沿海地区和我国南方地区也有栽培。

生境 在原产地多生于砂质海岸地带的森林中；在宁波多栽于城市街道两侧和庭院、公园绿地以及滨海平原区的公路、河岸两旁。

主要用途 抗风性强，耐轻盐碱，较耐寒，树形优美，叶色浓绿，是滨海地区优良的园林绿化、防护林带配置树种；纤维植物，叶可供编制葵扇、蓑衣等；果实及根入药。

第四节　咸水水域植物

093 川蔓藻

学名 ***Ruppia maritima*** Linn.　科名 眼子菜科 Potamogetonaceae

形态特征　多年生沉水草本。茎极细弱，具棱，多分枝，乳黄色，长 0.2 ～ 1m。叶互生或近对生；叶片丝状，长 2 ～ 10cm，宽 0.3 ～ 0.5mm，先端渐尖，向顶部疏生细齿，基部具膜质翅状鞘。穗状花序常由 2 朵花组成，生于茎端叶腋；总花梗花时伸出，直或螺旋状旋转；花小，两性；无花被；雄蕊 2。小坚果斜卵形，长约 2mm，顶端具尖喙；果梗长 1 ～ 2cm。花果期 4 ～ 8 月。

地理分布　见于慈溪、镇海、北仑、象山；产于岱山、定海、普陀；分布于我国沿海各省份；广布于世界亚热带及温带地区。

生境　生于海滨平原的咸水池沼、水沟及河流中。

主要用途　为底栖无脊椎动物、鱼类、水鸟和其他生物提供重要的食物、栖息地和避难所；能超量积累锌、砷、硒、硼等重金属，去除水体中的氮、磷，适应低浓度的 Cu^{2+}（≤ 1mg/L）胁迫，对滨海地区水体生态系统的维护与重建有重要作用，并具有修复重金属污染水体的潜力。

094 篦齿眼子菜 龙须眼子菜

学名 *Stuckenia pectinata* (Linn.) Börner　科名 眼子菜科 Potamogetonaceae

形态特征　多年生沉水草本。根状茎白色，具卵形球块。茎淡黄色，细长，多叉状分枝。叶互生；叶片丝状，长 4 ～ 10cm，宽 0.5 ～ 1mm，全缘；托叶膜质，长 1 ～ 2cm，中下部与叶柄合生成托叶鞘，抱茎。穗状花序长 1.5 ～ 3cm，生于茎端叶腋内；总花梗纤细，长 2 ～ 10cm；花小，两性；雄蕊 4。果实倒卵形或斜卵形，长 3 ～ 3.5mm，具短喙。花果期 4 ～ 9 月。

地理分布　见于慈溪、余姚、镇海、象山；产于舟山及上虞、三门、洞头；分布于我国南北各省份；欧亚大陆、大洋洲及美洲也有。

生境　生于海滨平原的咸水池沼、水沟及河流中。

主要用途　为底栖无脊椎动物、鱼类、水鸟和其他生物提供重要的食物、栖息地和避难所；对汞有一定的浓缩作用，能去除水体中的氮、磷，对滨海地区水体生态系统的维护有重要作用，并具有修复重金属污染水体的潜力。

095 角果藻

学名 *Zannichellia palustris* Linn.　　科名 眼子菜科 Potamogetonaceae

形态特征 多年生沉水草本。茎纤细，常分枝。叶对生，有时 3～4 片呈轮生状；叶片狭条形，长 2～5cm，宽约 1mm，基部具鞘状膜质托叶。花小，单性，雌、雄花同生于 1 膜质佛焰苞内；雄花仅 1 雄蕊；雌花外包 1 杯状的花被，离生心皮 2～6 枚。小坚果半月形，长约 3mm，顶端具长约 2.5mm 的细喙；果梗长 2～3mm。花果期 6～9 月。

地理分布 见于慈溪、鄞州、奉化；产于岱山、定海、平阳；分布于我国南北各省份；全世界广布。

生境 生于滨海平原半咸水或淡水的田边池沼、水沟及河流中。

主要用途 是底栖无脊椎动物、鱼类、水鸟和其他生物的重要食物源、栖息地和避难所。

096 海三棱藨草

学名 × ***Bolboschoenoplectus mariqueter*** (Tang et F. T. Wang) Tatanov 科名 莎草科 Cyperaceae

形态特征 多年生草本，高 25 ～ 40cm。根状茎匍匐状。秆近散生，三棱形。叶通常 2，短于秆，叶片宽 2 ～ 3mm。苞片 2，其中 1 为秆的延长，较小穗长，另 1 苞片小，几等长于小穗，扁平；小穗单个，假侧生，无柄，卵形或宽卵形，长 8 ～ 12mm，宽 4 ～ 8mm；鳞片卵形，长 5 ～ 6mm，先端急尖；下位刚毛 4，长约为小坚果的 1/2，疏生倒刺；雄蕊 3；柱头 2。小坚果宽倒卵形，平凸状，表面具细网纹。花果期 8 ～ 10 月。

地理分布 见于慈溪、余姚、镇海、江北、北仑、鄞州、奉化、宁海、象山；产于钱塘江河口两岸的杭州、平湖、海盐、海宁及三门、瑞安；分布于江苏、河北。

生境 生于泥质、泥砂质海岸潮间带，常呈大面积分布，也生于围垦区浅水盐沼。

主要用途 秆可作为编织材料或造纸原料；地下茎为雁鸭类越冬的重要食物源之一。

097 糙叶薹草

学名 *Carex scabrifolia* Steud. 科名 莎草科 Cyperaceae

形态特征 多年生草本，高 20 ～ 60cm。具细长匍匐根状茎。秆三棱柱形，近花序处稍粗糙。叶短于秆；叶片狭条形，质硬，宽 3 ～ 4mm，边缘微粗糙。苞片叶状，长于花序；小穗 3 ～ 5 个，上部 2 ～ 3 个为雄性，侧生的雌性，卵形或椭圆形，长 1.5 ～ 2cm，疏离；雌花鳞片卵形或披针形，长约 5mm，先端渐尖，短于果囊。果囊长椭圆状卵形，长 6 ～ 10mm，肿胀三棱形，暗血红色或褐黄色，近无柄，顶端具短喙，喙口半月状，2 深裂。小坚果基部稍膨大，柱头 3。花果期 3 ～ 6 月。

地理分布 见于慈溪、余姚、镇海、北仑、鄞州、奉化、宁海、象山；产于嘉兴、杭州、绍兴、舟山、台州、温州沿海各县（市、区）；分布于江苏、山东、福建、台湾、河北、辽宁；俄罗斯远东地区、朝鲜半岛及日本也有。

生境 片状、带状生于泥质海岸潮间带，也见于河口海岸湿地上，偶见于砂砾质海滩。

主要用途 茎秆纤细强韧坚实，适作绳索，称为铜草绳；耐盐碱、淹渍、淤埋，是良好的潮间带消浪促淤、绿化植物。

098 扁秆荆三棱 扁秆藨草

学名 ***Bolboschoenus planiculmis*** (Schmidt) T. V. Egorova 科名 莎草科 Cyperaceae

形态特征 多年生草本，高 60 ～ 90cm。具匍匐根状茎和块茎。秆三棱形，平滑，近花序部分粗糙，基部具秆生叶。叶片扁平，宽 2 ～ 5mm，具长叶鞘。叶状苞片 1 ～ 3，长于花序；聚伞花序短缩成头状，或有时具少数辐射枝，通常具 1 ～ 6 个小穗；小穗卵形或长圆状卵形，锈褐色，长 10 ～ 16mm，宽 4 ～ 8mm，具多数花；鳞片长圆形，外面被稀少的柔毛，顶端具芒；下位刚毛 4 ～ 6；柱头 2。小坚果宽倒卵形，长 3 ～ 3.5mm。花期 5 ～ 6 月，果期 7 ～ 9 月。

地理分布 见于慈溪、镇海、鄞州；产于杭州及岱山、定海、普陀、温岭、乐清、洞头；分布于我国东北、华北、西北及山东、江苏、安徽、河南、湖北、台湾、云南；东北亚、中亚及亚洲西南部、欧洲也有。

生境 生于滨海围垦区浅水盐沼、盐碱低湿地，河、渠边近水处。

主要用途 地下茎为雁鸭类越冬的重要食物源之一。

099 盐地鼠尾粟

学名 ***Sporobolus virginicus*** (Linn.) Kunth　　科名 禾本科 Gramineae

形态特征　多年生草本，高 15 ～ 40cm。根茎坚硬；秆细弱，质较硬，基部直径约 1mm，光滑无毛，上部多分枝。叶鞘仅鞘口处疏生纤毛；叶舌纤毛状，长约 0.2mm；叶片质较硬，内卷呈针状，长 3 ～ 10cm，宽 1 ～ 2mm，顶生者甚退化。圆锥花序，分枝直立且贴生，呈柱状，长 4 ～ 10cm；小穗灰绿色或变为草黄色，排列较密，长 2 ～ 3mm；第二颖等长或稍长于外稃。花果期 7 ～ 10 月。

地理分布　见于慈溪、余姚、镇海、北仑、鄞州、奉化、宁海、象山；产于舟山、台州、温州沿海各县（市、区）及平湖；分布于福建、台湾、广东、海南；日本及世界热带、亚热带地区也有。

生境　生于滨海泥质滩涂潮间带、潮上带的低湿地、围垦区盐水沼泽，常形成单优群落。

主要用途　耐潮水淹浸，耐盐碱，是潮间带优良的促淤植物。

100 芦苇

学名 ***Phragmites australis*** (Cav.) Trin. ex Steud.　科名 禾本科 Gramineae

形态特征　多年生草本，高 0.5 ～ 2m。根状茎粗壮；秆直径 2 ～ 10mm，节下常具白粉。叶鞘圆筒形；叶舌极短，先端为 1 圈纤毛；叶片扁平，深绿色，长 15 ～ 45cm，宽 1 ～ 3.5cm。圆锥花序长 10 ～ 40cm，稍下垂，下部枝腋间具白色柔毛；小穗长 17 ～ 18mm，具 4 ～ 7 朵花；颖具 3 脉；第 1 不孕外稃雄性，长约 12mm，第 2 外稃长约 11mm，基盘延长，两侧密生等长于外稃之丝状柔毛。花果期 7 ～ 11 月。

地理分布　见于慈溪、余姚、镇海、江北、北仑、鄞州、奉化、宁海、象山；产于浙江省各地；分布于全国各地；全世界温带地区广布。

生境　常片状生于滨海平原河岸、堤岸湿地、池沼中，也见于砂质、泥质海岸潮间带、潮上带水湿处，偶见于岩质海岸岩缝。

主要用途　优良的消浪促淤、固堤护岸及湿地绿化美化植物；根为健胃及利尿药；嫩茎叶可作为牲畜饲料；纤维植物。

101 互花米草

学名 ***Spartina alterniflora*** Lois.　　科名 禾本科 Gramineae

形态特征　多年生草本，高 1 ～ 2（～ 3）m。根状茎粗长，可深达 1m。秆直立粗壮，直径 1cm；茎节具叶鞘。叶互生；叶片长披针形，质硬，长可达 90cm，宽 1.5 ～ 2cm。穗状花序长 5 ～ 20cm，多枚总状着生于主轴上；小穗单生，侧扁，长约 1cm，无毛。花果期 8 ～ 12 月。

地理分布　原产于北美；慈溪、余姚、镇海、江北、北仑、鄞州、奉化、宁海、象山及浙江省沿海地区普遍逸生或归化；江苏、山东、福建、广东、广西、河北也有引种或归化。

生境　片状生于海滨泥质、粉砂质滩涂潮间带，也见于围垦区咸水沼泽。

主要用途　微多啤酒和微多饮料的原料。耐浸淹、盐碱、淤埋，扩繁能力极强，浙江省自 20 世纪 80 年代引种作消浪促淤的先锋植物，现已发展成为滨海滩涂的有害生物。

附种　大米草 ***S. anglica***，植株高 0.1 ～ 0.5m，秆直径 3 ～ 5mm，叶片长 10 ～ 22cm，宽 0.7 ～ 1cm，小穗长 1.4 ～ 1.8cm，疏被柔毛。原产于欧洲，奉化、宁海有引种栽培。

大米草

第五节　滨海丘陵植物

102 日本荠苎

学名 *Mosla japonica* (Benth.) Maxim.　　科名 唇形科 Labiatae

形态特征　一年生草本，高 10 ～ 30cm。茎四棱形，被下曲短柔毛或兼具开展的白色长柔毛。叶对生；叶片长圆状卵形或卵形，长 1 ～ 3cm，宽 7 ～ 17mm，先端钝或稍尖，基部急狭或宽楔形；叶柄长 3 ～ 10mm。总状花序顶生，长 1 ～ 4cm，花密集或稍疏离；苞片叶状，被柔毛，卵形或宽卵形，先端骤尖，芒尖长 3 ～ 5mm；萼齿 5，几等长；花冠粉红色，2 唇形，上唇先端微凹，下唇 3 裂，中裂片最大，宽倒心形。小坚果近球形，直径约 1.3mm，具深穴状雕纹，穴中具淡黄色腺点。花果期 8 ～ 11 月。

地理分布　见于象山（北渔山、积谷山、檀头山岛、南田岛、花岙岛、茅洋五狮山）；产于嵊泗、岱山、临海、玉环；分布于日本（北海道、本州、四国、九州）、韩国。为本次调查发现的中国分布新记录植物。

生境　生于海滨山坡草丛、林缘路旁，也生于岩质海岸灌草丛中。

主要用途　耐干旱瘠薄，抗海风海雾，株形低矮，花繁，适作观花地被、花境之材料。

103 密毛爵床

学名 *Justicia procumbens* Linn. var. *hirsuta* Yamamoto　科名 爵床科 Acanthaceae

形态特征　一年生草本，高约 10cm。茎基部匍匐，节上生根，上部铺散、斜伸，密被下向短柔毛和开展长硬毛。叶对生；叶片卵形、卵状披针形或矩圆状披针形，长 1 ～ 1.5cm，宽 5 ～ 10mm，先端钝或略尖，基部圆或宽楔形，全缘，两面被长硬毛，脉上尤密。穗状花序圆柱形；苞片、小苞片、萼片密被硬毛；花冠淡紫红色。花果期 10 ～ 11 月。

地理分布　见于象山（南韭山）；产于临海、普陀等市（区）外海岛屿；分布于台湾（澎湖列岛）。为本次调查发现的中国大陆分布新记录植物。

生境　生于海滨山坡草丛、路边林缘。

104 滨海黄堇

学名 ***Corydalis heterocarpa*** Sieb. et Zucc. var. ***japonica*** (Franch. et Sav.) Ohwi　　科名 罂粟科 Papaveraceae

形态特征　二年生草本，高 40 ～ 60cm，具主根；茎叶揉碎具臭味。茎粗壮，具棱，被白霜，受光面常带紫色。叶片 2 ～ 3 回三出羽状，宽卵状三角形，灰绿色，长 15 ～ 25cm，小叶缺刻状或深裂。总状花生于茎顶或枝顶，长 5 ～ 15cm，疏具多花。苞片披针形，全缘，与花梗近等长或略短。花黄色，背部带淡棕色。距长 6 ～ 8mm，囊状，背部平直，末端略下弯。蒴果狭披针形，长 2 ～ 3.5cm，宽约 4mm，略呈念珠状和不规则弯曲，顶端细尖。种子 2 列。花期 3 ～ 5 月，果期 4 ～ 6 月。

地理分布　见于象山（南韭山、蚊虫山、北渔山）；产于舟山、台州、温州沿海各县（市、区）；分布于山东；日本也有。

生境　生于海滨山坡岩石边、沟谷湿处及村宅旁，也见于岩质海岸、砂砾质岬角潮上带滩地内缘。

主要用途　叶色灰绿，花色艳丽，适作观赏地被、花境。

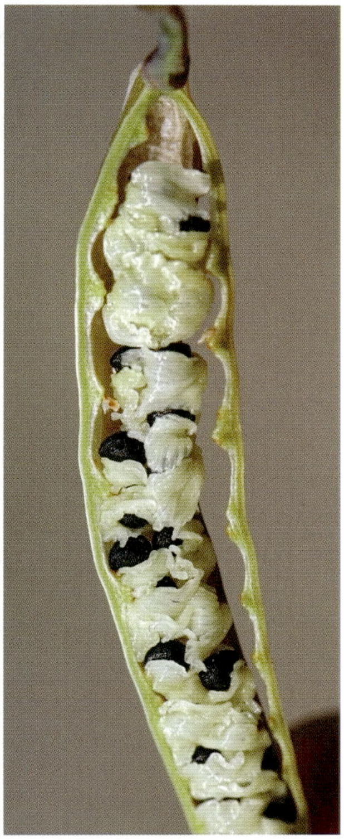

105 铺散诸葛菜

学名 *Orychophragmus diffusus* Z. M. Tan et J. M. Xu　科名 十字花科 Cruciferae

形态特征　二年生草本，高 10 ～ 35cm。茎自基部分枝，细弱、铺散。基生叶和茎生叶较小，叶片全部同形，大头羽状分裂，顶裂片心形或肾形，长 1.5 ～ 3.5cm，宽 2.2 ～ 5.5cm，顶端圆钝，基部心形，边缘具不等大粗钝齿，侧裂片 2 ～ 6，基部裂片大，抱茎。总状花序具 6 ～ 15 朵花；花瓣紫色，长 1.8 ～ 2.2cm。长角果条形，长 5 ～ 7cm。花期 4 ～ 6 月，果期 6 ～ 7 月。

地理分布　见于象山（南韭山、积谷山）；产于余杭、桐庐、平湖；分布于江苏、上海。

生境　生于海滨山坡岩石边、路旁林缘草丛中。

主要用途　株型矮小，花色艳丽，适作观花地被、花境、缀花草坪。

106 曲序月见草

学名 ***Oenothera oakesiana*** (A. Gray) Robbins ex Watson et Coulter 科名 柳叶菜科 Onagraceae

形态特征 二年生草本，高 20 ～ 50cm。茎直立或平铺，密被贴生绢质曲柔毛与混生稀疏的长毛，有时上部混生有腺毛。茎生叶狭倒披针形，长 5 ～ 20cm，宽 5 ～ 27mm，先端锐尖，边缘具远离的浅齿或钝齿，两面贴生绢质曲柔毛。顶生花序穗状，上部常略弯曲上升。花管长 1.5 ～ 4cm；花瓣黄色，长 0.7 ～ 2cm；柱头围以花药。蒴果锥状圆柱形，长 1.5 ～ 4cm。种子短楔形，长 1 ～ 1.2mm，直径 0.8 ～ 1.1mm，深褐色，具棱角，表面具不整齐洼点。花期 7 ～ 9 月，果期 9 ～ 10 月。

地理分布 原产于北美；欧洲、亚洲归化；慈溪、北仑、鄞州、奉化、宁海、象山有归化；普陀也有；福建有栽培并逸为野生。

生境 生于海滨向阳山坡路边草丛中，也生于海滨沙滩。

主要用途 花大色艳，耐干旱瘠薄，耐盐碱，抗沙埋、海雾，适作海滨绿化美化。

107 蓝花琉璃繁缕

学名 ***Anagallis arvensis*** Linn. form. ***coerulea*** (Schreb.) Baumg.　科名 报春花科 Primulaceae

形态特征　二年生草本，高 10 ～ 30cm。茎自基部多分枝，匍匐或上升，四棱形，有狭翅。叶交互对生或有时 3 枚轮生；叶片卵圆形至狭卵形，长 5 ～ 15mm，宽 3 ～ 7mm，全缘，先端急尖或钝尖，基部圆形；无柄。花单生于叶腋；花梗纤细，长 1 ～ 2cm；花冠辐状，长 4 ～ 6mm，蓝色。蒴果球形，直径约 4mm。花期 3 ～ 5 月，果期 5 ～ 7 月。

地理分布　见于宁海、象山；产于舟山、台州、温州沿海各县（市、区）及兰溪；分布于福建、广东、台湾；全世界温带和热带地区也有。

生境　生于海滨山坡路旁、田野及荒地中，也见于泥质、砂质海岸。

主要用途　花色艳丽，适作花境、观花地被、缀花草坪。

108 披针贯众

学名 *Cyrtomium devexiscapulae* (Koidz.) Koidz. et Ching　科名 鳞毛蕨科 Dryopteridaceae

形态特征　多年生常绿草本，根茎直立。叶簇生，禾秆色，密生卵形及披针形棕色鳞片，鳞片边缘流苏状；叶片卵状披针形，34 ～ 55cm × 12 ～ 20cm，奇数 1 回羽状；侧生羽片 7 ～ 10 对，互生，披针形，9 ～ 15cm × 2 ～ 3.5cm，先端渐尖呈尾状，基部为略偏斜的宽楔形，边缘全缘；具羽状脉，小脉联结成 3 ～ 7 行网眼，腹面不明显，背面微突起。叶为革质，两面光滑。孢子囊群遍布羽片背面；囊群盖圆形，盾状，全缘。

地理分布　见于北仑、宁海、象山（高塘岛、油菜花屿）；产于普陀、瓯海、泰顺；分布于福建、台湾、广东、广西及江西、贵州、重庆、四川；日本、韩国、越南也有。

生境　生于滨海丘陵沟谷林下阴湿处。

主要用途　叶质厚而光亮，姿态优美，可供盆栽观赏。

109 火炭母草

学名 *Polygonum chinense* Linn. 科名 蓼科 Polygonaceae

形态特征 多年生草本，高 30 ～ 80cm。茎直立或稍攀缘状，略带红色。叶互生；叶片纸质，卵形或长卵形，长 2.5 ～ 8cm，宽 1 ～ 5cm，先端急尖或渐尖，基部截形或宽楔形，全缘；托叶鞘斜截形。头状花序具柄，2 ～ 4 分枝排列成伞房状或圆锥状；花白色或带淡红色。瘦果卵状三角形，黑色，包于肉质、白色半透明的花被片内。花期 8 ～ 11 月，果期 11 ～ 12 月。

地理分布 见于镇海、北仑、鄞州、奉化、宁海、象山；产于舟山、台州、温州、丽水，海岛及大陆滨海地区尤为常见；分布于长江流域以南及台湾；日本、菲律宾、印度也有。

生境 生于沟谷、田野、林下溪边或潮湿地灌丛中，也见于泥质、砂质、岩质海岸灌草丛中。

主要用途 全草入药，具清热解毒、消肿止痛、明目退翳功效；亦可作为园林地被、湿地绿化及石景点缀材料；果实外面的肉质花被微甜带酸，可鲜食。

110 土牛膝 倒钩草

学名 *Achyranthes aspera* Linn.　　科名 苋科 Amaranthaceae

形态特征　多年生草本，高达 1.2m。茎四棱形，节部稍膨大。叶对生；叶片宽卵状倒卵形或椭圆状矩圆形，长 1.5 ～ 7cm，顶端圆钝，具突尖，全缘或波状缘，两面密生柔毛或近无毛；叶柄长 5 ～ 15mm。穗状花序顶生，直立，长 10 ～ 30cm，花后反折；花长 3 ～ 4mm，疏生；小苞片刺状，基部两侧各有 1 个薄膜质翅；退化雄蕊顶端具分枝流苏状长缘毛。花期 6 ～ 8 月，果期 10 月。

地理分布　见于慈溪、北仑、宁海、象山；产于定海、普陀、椒江、温岭、玉环、瑞安、洞头、龙湾及文成、泰顺、龙泉；分布于华南、西南及江西、福建；亚洲东南部、西南部和非洲、欧洲也有。

生境　生于海滨山坡林缘、路旁、沟边及村庄附近，也见于泥质、砂质、岩质海岸灌草丛中。

主要用途　根药用，有清热解毒，利尿功效，主治感冒发热，扁桃体炎，白喉，流行性腮腺炎，泌尿系结石，肾炎水肿等症。

111 短毛独活 水独活

学名 ***Heracleum moellendorffii*** Hance　　科名 伞形科 Umbelliferae

形态特征　多年生草本，高 1 ～ 2m，全体有柔毛。基生叶叶柄长 5 ～ 25cm；叶片宽卵形，三出式羽状全裂，裂片 5 ～ 7，宽卵形或近圆形，长 5 ～ 15cm，宽 7 ～ 10cm，不规则 3 ～ 5 浅裂至深裂，边缘具尖锐粗大锯齿；茎上部叶有膨大的叶鞘。复伞形花序；总苞片 5，小总苞片 5 ～ 10，均为线状披针形；伞辐 12 ～ 35；花 20 余朵；花梗长 4 ～ 10mm；花瓣白色。果实倒卵圆形，直径约 8mm，扁平，有稀疏柔毛；棱槽内油管棒状，长度为果实的 1/2。花期 4 ～ 5 月，果期 6 ～ 7 月。

地理分布　见于象山（北渔山、南韭山、油菜花屿）；产于普陀、临海、椒江沿海岛屿及安吉、临安、嵊州；分布于江苏、江西、四川、陕西、山东、河北、内蒙古及东北；日本、韩国也有。

生境　生于海滨山坡疏林下、林缘、路边灌草丛中，常成为草丛的优势种。

主要用途　根入药，治风湿、腰膝酸痛及头痛等。

112 小茄

学名 *Lysimachia japonica* Thunb. 科名 报春花科 Primulaceae

形态特征 多年生草本，高 7 ～ 25cm。茎柔弱，自基部分枝，初匍匐倾斜，后披散伸长，被下向柔毛。叶对生；叶片宽卵形至近圆形，长 0.5 ～ 1.6cm，宽 0.4 ～ 1.3cm，先端急尖或圆钝，基部圆形，两面密生半透明腺点；叶柄长 3 ～ 5mm。花单生于叶腋；花梗长 2 ～ 3mm；花冠黄色。蒴果球形，直径约 3mm。花期 4 ～ 5 月，果期 6 月。

地理分布 见于慈溪、余姚、镇海、江北、北仑、鄞州、奉化、宁海、象山；产于岱山、定海、普陀、三门、椒江、路桥、温岭、玉环、乐清、鹿城、洞头、瑞安、平阳；分布于江苏、台湾、海南；日本、韩国、印度尼西亚、印度、不丹也有。

生境 生于海滨山坡阔叶混交林下、林缘路旁、田埂上。

主要用途 株型矮小紧凑，花色艳丽，适作花境、观花地被、缀花草坪。

113 疏节过路黄

学名 *Lysimachia remota* Petitm. 科名 报春花科 Primulaceae

形态特征 多年生草本，高 10 ～ 30cm。茎直立或膝曲直立，全株被淡褐色多节柔毛和散生粒状透明腺点。叶对生，茎端的有时互生并稍密聚；叶片阔卵形至卵状椭圆形，长 1 ～ 3.5cm，宽 6 ～ 25mm，先端急尖或圆钝，基部阔楔形或近圆形；叶柄长 0.3 ～ 1.2cm。花单生于茎上部叶腋或稍密集于茎端；花梗长 8 ～ 12mm，果时下弯；花冠黄色；花丝下部合生成高 0.5 ～ 1mm 的浅环。蒴果球形，直径约 4mm。花期 5 ～ 6 月，果期 7 ～ 10 月。

地理分布 见于北仑；产于杭州、舟山和临海、玉环、乐清、永嘉、瑞安及泰顺；分布于江苏南部、江西、福建、台湾。

生境 生于海滨山坡路边草丛和石缝中。

主要用途 植株低矮，枝叶茂密，花色鲜艳，适作花境、观花地被、缀花草坪之材料。

114 南牡蒿

学名 *Artemisia eriopoda* Bunge　　科名 菊科 Compositae

形态特征　多年生草本，高 40 ～ 80cm。茎常单生，具细纵棱，多分枝，绿色或稍带紫褐色。叶互生；叶片纸质，上面光亮无毛；基生叶与茎下部叶近圆形、宽卵形或倒卵形，长 4 ～ 6cm，1 ～ 2 回大头羽状深裂或全裂，分裂叶每侧有裂片 2 ～ 3，裂片倒卵形、近匙形或宽楔形，叶基部渐狭，宽楔形，叶柄长 1.5 ～ 3cm；中部叶基部宽楔形，近无柄，基部有线形分裂的假托叶。圆锥花序；头状花序多数。花果期 6 ～ 11 月。

地理分布　见于慈溪、镇海、北仑、鄞州、奉化、宁海、象山；产于温岭；分布于华东、华中、西南、华北、东北的部分省份及陕西；蒙古国、日本及朝鲜半岛也有。

生境　生于海滨山坡的疏林下、林缘、路旁灌草丛。

主要用途　全株入药，有祛风、去湿、解毒之功效，也可作为中药青蒿（黄花蒿 *A. annua*）的代用品。

115 大吴风草

学名 ***Farfugium japonicum*** (Linn.) Kitamura　　科名 菊科 Compositae

形态特征　多年生常绿草本，高 30 ～ 70cm。根茎粗壮；茎花葶状，密被脱落性淡黄色柔毛。叶全部基生，莲座状；叶片肾形，长 4 ～ 15cm，宽 6 ～ 30cm，先端圆形，基部心形，边缘有尖头细齿或全缘，两面被脱落性灰色柔毛；叶柄长 10 ～ 38cm，基部扩大成短鞘；茎生叶 1 ～ 3，苞叶状，无柄，抱茎。花序伞房状，疏散；头状花序直径 4 ～ 6cm，黄色，梗长 1.5 ～ 7cm。花果期 7 ～ 10 月。

地理分布　见于慈溪、镇海、北仑、鄞州、奉化、宁海、象山，宁波各县（市、区）普遍栽培；产于舟山、台州、温州沿海岛屿；分布于福建、广东、广西、台湾、湖南、湖北；日本、韩国也有。

生境　生于海滨山坡林下、沟谷阴湿草丛，也见于岩质海岸潮上带附近林缘、乱石堆中。

主要用途　叶、花俱美，适应性强，是优良的观花、观叶植物，适作地被、花境、插花；全草民间入药，有活血止血、散结消肿之效。

116 羽裂毡毛马兰

学名 ***Kalimeris shimadai*** (Kitamura) Kitamura form. ***pinnatifida*** Kitamura　　科名 菊科 Compositae

形态特征　多年生草本，有根状茎。茎直立，多分枝，高达 80cm，被密短粗毛。叶互生，质厚，两面被毡状毛，叶缘被糙毛；中、下部叶倒卵状披针形、倒披针形，长 3 ～ 5cm，宽 2 ～ 3cm，有 2 ～ 4 对深齿至深裂片，裂片条形。头状花序直径 3 ～ 4.5cm，单生于枝端且排成疏伞房状。总苞半球形，直径 0.8 ～ 1cm；总苞片 3 层，背面被毛，具缘毛，内层倒披针状矩圆形，顶端钝尖而草质，边缘膜质。舌状花紫色、淡紫色，盘花黄色。瘦果扁倒卵形，长约 3mm；冠毛膜片状，长 0.3 ～ 0.6mm。花果期 8 ～ 10 月。

地理分布　见于慈溪、余姚、镇海、江北、北仑、鄞州、奉化、宁海、象山；产于舟山及平湖、三门、乐清、洞头。

生境　常小片状生于海滨山坡疏林下、林缘、沟边，也见于泥质海岸和滨海平原的河岸、路旁草丛中。

主要用途　嫩茎叶可作为蔬菜；花色艳丽，可作观花地被、花境。

117 鸭嘴草

学名 ***Ischaemum aristatum*** Linn. var. ***glaucum*** (Honda) T. Koyama 科名 禾本科 Gramineae

形态特征 多年生草本，高 30 ～ 60cm。秆直径 2 ～ 3mm，一侧有凹槽；节上具髯毛。叶鞘通常无毛；叶片条状披针形，长 3 ～ 14cm，宽 3 ～ 7mm，叶片无毛或两面有疣基柔毛。总状花序 2，紧密贴合呈圆柱形，长 6.5 ～ 8cm，整体被白色长柔毛；穗轴节间与小穗轴无毛；无柄小穗长 6 ～ 7mm，第 1 颖先端钝，除先端外背面密被长柔毛；第 2 小花外稃先端 2 浅裂，无芒或有 1 短直芒；有柄无芒或具细短的直芒。花果期 7 ～ 9 月。

地理分布 见于余姚、奉化、宁海、象山；产于杭州、定海、普陀、三门、临海、椒江、温岭、洞头、瑞安、苍南；分布于辽宁、河北、安徽、江苏；韩国、日本、越南也有。

生境 生于海滨山坡、沙滩潮上带、沙丘，也见于近海河岸和岩质海岸草丛，在海岛常成为群落建群种。

主要用途 根系发达，耐盐碱，是良好的海滨山坡、堤岸水土保持、岸滩绿化的先锋植物。

118 沟叶结缕草

学名 ***Zoysia matrella*** (Linn.) Merr. 科名 禾本科 Gramineae

形态特征 多年生草本，高 10 ～ 20cm。具横走根状茎；秆基部节间短，每节一至数个分枝。叶鞘长于节间，仅鞘口具长柔毛；叶片质硬，内卷如针状，上面具沟，长可达 3cm，宽 1 ～ 2mm。总状花序长 2 ～ 3cm，宽约 2mm，基部伸出叶鞘外；小穗柄长约 1.5mm，劲直；小穗卵状披针形，长 2 ～ 3mm，宽约 1mm，黄褐色或略带紫褐色。花果期 7 ～ 10 月。

地理分布 见于宁海、象山（南韭山）；产于临海、洞头；分布于台湾、广东、海南；亚洲、大洋洲的热带地区也有。

生境 生于海滨山坡草丛中。

主要用途 株型矮小、致密，耐践踏，耐干旱瘠薄、海风海雾，是优良的运动草坪材料。

119 独穗飘拂草

学名 ***Fimbristylis ovata*** (Burm. f.) Kern　　科名 莎草科 Cyperaceae

形态特征　多年生草本，高 15 ～ 35cm。根状茎短；秆丛生，纤细。叶片细条形，宽 0.5 ～ 1mm，短于秆；叶鞘黄白色，鞘口倾斜，最下部的无叶片。苞片 1 ～ 3，鳞片状；小穗单个顶生，卵形，稍扁，长 7 ～ 13mm，宽约 5mm，下部鳞片 2 列；鳞片宽卵形或卵形，长 3 ～ 6mm，黄绿色，3 脉，先端具短尖；柱头 3。小坚果倒卵形，三棱状，长约 2mm，具短柄，具疣状突起。花果期 9 月。

地理分布　见于宁海、象山；产于岱山、椒江、洞头、瑞安、平阳、苍南；分布于福建、湖南和华南、西南部分省份；日本、韩国及东南亚、南亚、美洲、非洲、大洋洲部分地区也有。

生境　生于海滨湿润的山坡草丛中，常成为群落建群种或优势种。

120 普陀南星

学名 ***Arisaema ringens*** (Thunb.) Schott　　科名 天南星科 Araceae

形态特征　多年生草本。块茎扁球形。鳞叶膜质。叶常2，稀1；叶柄长15～30cm，下部1/3具鞘；叶片3全裂，裂片无柄，中裂片宽椭圆形，长15～23cm，宽10cm以上，侧裂片偏斜，先端渐尖，具长1～1.5cm的锥状突尖。总花梗短于叶柄；佛焰苞管部宽倒圆锥形，喉部常具宽耳，耳内面深紫色，外卷，檐部下弯成盔状，前檐具卵形唇片，下垂，先端向外弯；肉穗花序单性，雄花序圆柱形；雌花序近球形；各附属物棒状或长圆锥状。浆果橙黄、橙红色。花期4～5月；果期10～11月。

地理分布　见于象山(南韭山、蚊虫山)；产于普陀、洞头、平阳；分布于江苏、台湾；日本、韩国也有。

生境　生于海滨山坡阴湿林下、林缘，尤以沟谷乱石堆巨石下为常见，也见于岩质海岸海湾岬角阴湿林下、草丛中。

主要用途　叶大形美，花形奇特，耐阴，是优良的园林观赏植物，适作地被、花境或室内盆栽。

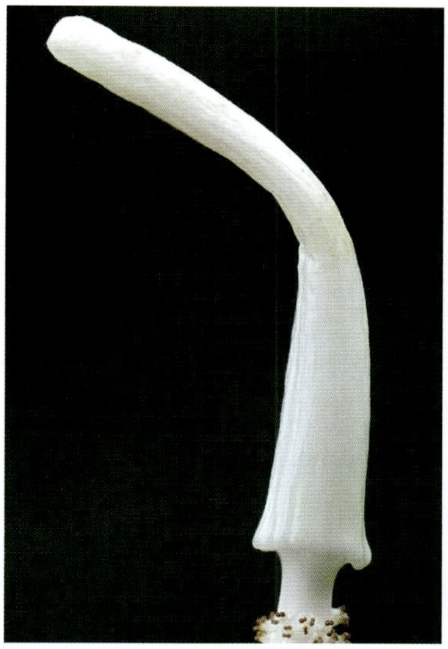

121 朝鲜韭 朝鲜薤

学名 *Allium sacculiferum* Maxim. 科名 百合科 Liliaceae

形态特征 鳞茎单生或双生，卵状至狭卵状，直径0.7～1.5(～2)cm；鳞茎外皮黑褐色，薄革质，常裂成纤维状或近网状。叶3～5（～7），扁条形，实心，背面具1龙骨状隆起之纵棱，短于花葶，宽4～5（～8）mm。花葶中生，圆柱状，实心，高30～60（～70）cm；伞形花序球状，花极密集；花粉红色至紫红色；花被片椭圆形，外轮的舟状，较短，内轮的长4.5～5(～5.5)mm，宽2～2.5mm；花丝长约为花被片的1.5倍，基部无齿。花果期8～11月。

地理分布 见于象山（半边山、积谷山、南韭山）；产于温岭(积谷山岛)及临安；分布于东北及内蒙古；俄罗斯、日本北部及朝鲜半岛也有。为本次调查发现的华东分布新记录植物。

生境 生于海滨山坡干燥砂质地上的草丛中，也生于岩质海岸草丛中，常呈小片状。

主要用途 花序球形，色彩多样，大而美丽，适作石景点缀、缀花草坪、花境、观花地被之材料；嫩茎叶、地下鳞茎可供食用。

122 黄花百合 巨球百合

学名 ***Lilium brownii*** F. E. Brown ex Miellez var. ***giganteum*** G. Y. Li et Z. H. Chen 科名 百合科 Liliaceae

形态特征 多年生草本，高可达 2m。鳞茎扁球形，直径 8 ～ 12cm。茎绿色。叶螺旋状互生；叶片狭倒卵状披针形至条状披针形，向上渐变小呈苞片状。花 3 ～ 12（～ 18）朵排列成顶生近伞房状花序；花喇叭形，稍下垂，具香气；花被片 6，倒卵状披针形，质地厚，初开时鲜黄色，后渐变淡，背部紫色或部分紫色，花盛开时先端外弯。花期 6 ～ 7 月，果期 9 ～ 11 月。

地理分布 见于奉化（黄贤）、象山；产于嵊泗、温岭、苍南沿海岛屿。

生境 生于海滨山坡疏林下、林缘、路边灌草丛中。

主要用途 花朵硕大、量多，花姿雅致，色彩明快亮丽，茎干亭亭玉立，可供花境、林缘镶边配置，也可作切花、盆栽观赏；花与鳞茎均可入菜；鳞片入药，具润肺止咳、宁心安神功效。

13
14
15
16
17
18
19
20
21
22
23
24
25
26

123 换锦花

学名 *Lycoris sprengeri* Comes ex Baker　　科名 石蒜科 Amaryllidaceae

形态特征　多年生草本。鳞茎卵形，直径约 3.5cm。叶基生，早春抽出；叶片带状，长约 30cm，宽约 1cm，绿色，先端钝。花茎高 50 ～ 60cm；总苞片 2，长约 3.5cm，宽约 1.2cm；伞形花序有花 4 ～ 8 朵；花淡紫红色；花被管长 1 ～ 1.5cm，裂片先端常带蓝色，倒披针形，长 4.5 ～ 7cm，宽约 1cm，边缘不皱缩；雄蕊与花被近等长；花柱略伸出花被。蒴果三棱形。花期 8 ～ 9 月，果期 9 ～ 10 月。

地理分布　见于慈溪、镇海、北仑、鄞州、奉化、宁海、象山；产于舟山及平湖、三门、路桥、玉环、洞头、平阳、苍南；分布于江苏、安徽、湖北。

生境　生于海滨山坡岩石旁灌草丛中，也见于岩质海岸潮上带附近的草丛中。

主要用途　鳞茎可提取加兰他敏，用于治疗神经系统疾病。

124 水仙

学名 ***Narcissus tazetta*** Linn. var. ***chinensis*** M. Roem. 科名 石蒜科 Amaryllidaceae

形态特征 多年生草本。鳞茎宽卵形，直径7～8cm，外被棕褐色膜质外皮。叶基生；叶片宽线形，扁平，长20～40cm，宽8～15mm，先端钝，粉绿色。花茎自叶丛中抽出，约与叶等长；伞形花序通常有花4～10朵；花梗长短不一；花平伸或下倾，芳香，直径2.5～3.5cm；花被管圆柱状或漏斗状，长约2.5cm，基部三棱形，花被裂片白色；副花冠鲜黄色，浅杯状，长不及花被的一半。花期11月至翌年3月。

地理分布 见于象山（对面山、南韭山），宁波各地常见栽培；产于嵊泗、岱山、普陀、临海、椒江、黄岩、温岭、洞头、平阳、苍南沿海岛屿；分布于江苏、福建；日本也有。

生境 生于海滨阴湿山坡、沟谷林下、灌草丛中，也常见栽培于村宅旁、庭院。

主要用途 花朵秀丽，叶片青翠，花香扑鼻，清秀典雅，可作盆栽、花境、观花地被及湿地美化、嵌花草坪；鳞茎有毒，可入药，具清热解毒、散结消肿功效。

125 大花无柱兰

学名 ***Amitostigma pinguicula*** (Rchb. f. et S. Moore) Schltr.　科名 兰科 Orchidaceae

形态特征　多年生草本，高8～16cm。块茎卵球形，直径约1cm；茎直立，纤细，近基部具1叶，叶下具筒状鞘1～2。叶片长卵状、舌状长圆形，长3～8cm，宽8～12mm，先端钝或稍急尖。花葶纤细，直立，花1～2朵，顶生；花淡紫红色；花瓣斜卵形；唇瓣扇形，长与宽几相等，长约1.5cm，具爪，3裂；距圆锥形，长约1.5cm，下垂。花期4～5月，果期9～10月。

地理分布　见于余姚、北仑、鄞州、奉化、宁海、象山；产于舟山、台州、温州、丽水及嵊州、义乌。

生境　生于海滨山坡林缘庇荫石壁苔藓丛中、岩石缝中。

主要用途　浙江特有种。株型娇小，花形奇特，体态婀娜，适作盆栽观赏，也可用于岩面美化、嵌花草坪之素材。

127 滨海鸡屎藤

学名 *Paederia scandens* (Lour.) Merr. var. *maritima* (Koidz.) Hara 科名 茜草科 Rubiaceae

形态特征 落叶半木质缠绕藤本。茎近无毛，长3～5m。叶对生；叶片厚纸质，三角状卵形、狭卵形，长4～8cm，宽2～4cm，先端短渐尖，基部浅心形或近圆形，上面光亮，无毛，下面近无毛，侧脉4～6对，全缘；叶柄近无毛。圆锥状聚伞花序顶生或腋生；花冠筒长约1cm，外面灰白色，密被粉末状细短绒毛，内面筒壁和喉部紫色，疏被长毛，花冠裂片5，无毛；雄蕊隐藏在花冠筒内，花药到达中部。果球形，直径约5mm。花期8～9月，果期9～11月。

地理分布 见于慈溪、镇海、北仑、鄞州、象山；产于舟山、台州、温州沿海各县（市、区）；分布于日本本州、四国、九州的海岸地区。

生境 生于近海岸的山麓、山坡林缘和岩质、砂砾质、泥质海岸潮上带附近，常攀附于岩石、树冠之上，也见于滨海平原村宅旁、堤岸、墙垣上。

主要用途 全株入药，具活血镇痛、祛风燥湿、解毒杀虫之功效。

128 风藤 细叶青蒌藤 海风藤

学名 ***Piper kadsura*** (Choisy) Ohwi 科名 胡椒科 Piperaceae

形态特征 常绿木质藤本。茎有纵棱，节膨大，生不定根；幼枝被疏柔毛。叶互生；叶片近革质，卵形或长卵状披针形，长3～10cm，宽2～6cm，先端短尖或长渐尖，基部心形，稀钝圆，叶背被短柔毛，叶脉5，基出或近基部发出，最外1对较细弱；叶柄仅基部具叶鞘。花单性异株，穗状花序与叶对生；雄花序长3～5.5cm；雌花序长1～2cm。浆果球形，褐黄色，直径3～4mm。花期5～8月，果期11月至翌年1月。

地理分布 见于北仑、鄞州、奉化、宁海、象山；产于舟山、台州、温州沿海各县（市、区）及云和、泰顺；分布于福建、台湾沿海地区；日本、韩国也有。

生境 生于滨海山坡、山岙林中，攀缘于树上或阴坡岩石上。

主要用途 茎藤为中药“海风藤”的原植物之一，具祛风湿、通经络、止痹痛之功效；四季常绿，果色艳丽，攀缘性较强，是优良的垂直绿化植物，适作绿墙、藤架及石景点缀材料。

129 爱玉子

学名 ***Ficus pumila*** Linn. var. ***awkeotsang*** (Makino) Corner 科名 桑科 Moraceae

形态特征 常绿木质藤本。全株有乳汁。小枝具环状托叶痕。叶互生，二型，营养枝之叶小而薄，近心形，果枝之叶较大，长椭圆形，长 7.7 ～ 9cm，宽 3 ～ 3.9cm，两端钝或先端尖，下面稍被锈色柔毛，网脉突起呈蜂窝状。聚花果单生于叶腋，长椭圆形，长 5.3 ～ 6.2cm，直径 2.2 ～ 4cm，两端尖或钝，熟时黄绿色，表面有白色斑点。花期 4 ～ 6 月，果期 8 ～ 12 月。

地理分布 见于宁海、象山（檀头山、铜头岛、南韭山）；产于温岭、乐清、永嘉、瓯海、文成；分布于福建、台湾。

生境 常攀缘于海滨山坡岩石、树干、墙垣上。

主要用途 著名果饮植物，瘦果可制“爱玉冻”；攀缘能力强，宜作为山石点缀或垂直绿化材料。

130 千金藤

学名 *Stephania japonica* (Thunb.) Miers　　科名 防己科 Menispermaceae

形态特征　常绿木质缠绕藤本；全体无毛。块茎粗长；茎圆柱形，纤维发达。叶互生；叶片厚纸质，宽卵形至卵形，长 4～8cm，宽 3～7.5cm，先端钝，基部近截形或圆形，全缘，上面光亮，下面粉白色，掌状脉 5～7；叶柄盾状着生。花序腋生，由小聚伞花序组成伞形状；花小，黄绿色。核果近球形，直径约 6mm，熟时由橙黄色转红色。花期 7～8 月，果期 8～9 月。

地理分布　见于慈溪、余姚、镇海、江北、北仑、鄞州、宁海、奉化、象山；产于浙江省山区、半山区，但以舟山、台州、温州沿海各县（市、区）最常见；分布于长江流域以南各省份及台湾；日本、韩国和东南亚、南亚、大洋洲、太平洋岛屿也有。

生境　生于海滨山坡林下、林缘、沟谷乱石堆、村宅旁，也见于泥质海岸灌草丛中，常呈小片状分布。

主要用途　根供药用，可治风湿性关节炎、毒蛇咬伤等；叶色光亮，果色艳丽，适作园林地被和石景点缀。

131 密刺硕苞蔷薇

学名 ***Rosa bracteata*** Wendl. var. ***scabriacaulis*** Lindl. ex Koidz. 科名 蔷薇科 Rosaceae

形态特征 常绿铺散灌木。茎密被黄褐色柔毛，连同叶轴、叶柄、花梗密被针刺和腺毛。1回羽状复叶互生；小叶5～9；小叶片革质，椭圆形或倒卵形，长1～2.5cm，先端圆钝或稍急尖，边缘具钝齿；托叶大部分离生，篦齿状深裂。花单生或2～3朵集生，白色，直径4.5～7cm；有数枚大型苞片；萼片和萼筒外面密被柔毛和腺毛。果扁球形，密被黄褐色柔毛。花期5～7月，果期8～11月。

地理分布 见于慈溪、北仑、鄞州、奉化、宁海、象山；产于杭州、温州、金华、台州、丽水、舟山等地，但以沿海地区最常见；分布于福建、台湾。

生境 生于海滨山坡路边岩石旁、溪边灌丛中，也见于泥质、砂质、岩质海岸灌草丛中。

主要用途 根、叶、花、果实可入药，根有补脾益肾、收敛涩精、祛风活血、消肿解毒之功效，花可润肺止咳，叶可收敛解毒；花大美丽，抗逆性强，繁殖容易，适作刺篱、石景点缀；果熟时可鲜食或酿酒。

132 鳝藤

学名 *Anodendron affine* (Hook. et Arn.) Druce　科名 夹竹桃科 Apocynaceae

形态特征 常绿木质藤本，全株有乳汁。茎皮纤维发达。叶对生；叶片长圆状披针形或倒披针状长圆形，长 5.5 ～ 11cm，宽 1 ～ 3.3cm，先端渐尖，基部楔形，中脉在上面凹入；叶柄长 0.5 ～ 1.1cm。圆锥状聚伞花序顶生或腋生；总花梗长 1.5 ～ 5cm；花冠高脚碟状，淡黄色，长约 1cm，裂片镰刀状狭长圆形，长 4 ～ 5mm，扭转，内面与喉部有疏柔毛。蓇葖果双生，披针状圆柱形，长约 10cm，直径 1.5 ～ 3cm，基部膨大，向上渐尖。种子黑色，有喙；种毛白色，长 5 ～ 6cm。花期 5 月，果期翌年 7 ～ 12 月。

地理分布 见于北仑、宁海、奉化、象山；产于普陀、临海、玉环、乐清、洞头、瑞安、平阳及泰顺、景宁；分布于福建、台湾及华中、华南、西南部分省份；日本、越南、印度也有。

生境 生于海滨山坡疏林下、林缘、路旁灌丛中，也见于岩质海岸，常攀缘于岩石、树冠上。

主要用途 叶质光亮，花繁色淡，果形奇特，适作垂直绿化、石景点缀。

133 短叶胡枝子

学名 *Lespedeza mucronata* Rick. 科名 豆科 Leguminosae

形态特征 落叶灌木，高 0.2 ～ 0.8cm。茎直立，常基部分枝；小枝被开展的柔毛。3 小叶羽状复叶互生；小叶片倒卵形或倒心形，长 1 ～ 2cm，宽 1 ～ 1.3cm，先端截形或微凹，基部宽楔形，上面疏生伏毛，下面密被长硬毛，沿中脉尤多。总状花序腋生，少花；花黄色或白色；花萼密被灰白色毛，长约 4mm，5 深裂，裂片狭披针形，长逾花冠的 1/2，先端有芒尖；花冠长 6 ～ 7mm。荚果卵形至宽卵形，长稍超出宿存萼，具刺尖。花期 8 ～ 9 月，果期 10 ～ 11 月。

地理分布 见于象山（蚊虫山、积谷山）；产于普陀、临海；分布于福建、广东、江西。

生境 生于海岸山坡干燥的砂质地灌丛中，也见于海滨沙滩潮上带。

主要用途 耐干旱瘠薄，抗海风海雾，是优良的断面边坡复绿、肥地树种。

134 日本花椒 山椒 胡椒木

学名 *Zanthoxylum piperitum* DC. 科名 芸香科 Rutaceae

形态特征 落叶灌木，高 1 ～ 2m。茎具托叶刺，刺基部宽扁，长 5 ～ 8mm。叶互生，具短柄，1 回羽状，长 5 ～ 15cm，叶轴具狭翅，小叶 11 ～ 19，幼时被微柔毛；小叶片宽披针形至卵形，无柄，长 1 ～ 3.5cm，宽 6 ～ 12mm，顶端微凹，基部楔形至圆钝，边缘每侧具 4 ～ 6 钝齿，齿端稍内曲、上翘，齿缝具透明油点。花序顶生或生于短枝顶端，具总梗；花小，黄绿色。蓇葖果熟时红褐色。花期 4 ～ 5 月，果期 7 ～ 9 月。

地理分布 见于象山（檀头山）；产于普陀（东福山）；日本也有。为本次调查发现的中国分布新记录植物。

生境 生于海滨山坡灌丛中、林缘路边。

主要用途 叶片光亮而致密，株型矮小，姿态优美，适栽作刺篱，或盆栽观赏；果可代花椒食用。

135 南方紫珠 朝鲜紫珠

学名 *Callicarpa australis* Koidz.　　科名 马鞭草科 Verbenaceae

形态特征　落叶小乔木或灌木，高达 6m，胸径达 13cm。小枝圆柱形，无毛，皮孔明显。叶片厚纸质，倒卵形、卵形或椭圆形，长 12 ～ 18cm，宽 6 ～ 8cm，先端急尖或骤尖，基部楔形至宽楔形，两面无毛，下面有明显的黄色腺点，边缘有粗锯齿，侧脉 7 ～ 10 对；叶柄较粗壮，略呈三棱形，上面平或有浅槽，长 1.5 ～ 2cm。聚伞花序生于叶腋稍上方，花序 3 ～ 7 次分歧，果时宽 3.5 ～ 4cm；总花梗粗壮，短于或长于叶柄，长 1.2 ～ 1.4cm；花冠红色、淡红色，裂片反卷；花丝直立，花药孔裂，黄色；柱头伸出，2 裂。果萼杯状，长 1 ～ 1.5mm，顶端近平截。果实球形，直径 3 ～ 4mm，熟时紫红色。花期 6 月，果期 10 ～ 11 月。

地理分布　见于象山（南韭山、蚊虫山、积谷山）；产于普陀（东福山）、临海（东矶岛）；朝鲜半岛及日本也有。为本次调查发现的中国分布新记录植物。

生境　生于滨海山坡的林缘、路边灌丛中。

主要用途　花果俱美，抗逆性强，是滨海地区优良的绿化观赏树种。

136 金豆 山金橘

学名 *Fortunella venosa* (Champ. ex Benth.) Huang 科名 芸香科 Rutaceae

形态特征 常绿灌木，高通常不及 1m。茎绿色，叶腋具细短枝刺。叶互生；叶片椭圆形，长 2～4.5cm，宽 1.1～2cm，顶端钝或急尖，微凹头，近全缘，中脉在叶面稍明显；叶柄长 1～2(～4)mm，无翅，与叶片连接处通常无关节。花单生于叶柄与刺之间；花瓣白色。果近圆球形，长 6～12mm，直径 5～11mm，熟时橙红色，瓤囊 2～3 瓣。花期 4～5 月，果期 11 月至翌年 1 月。

地理分布 见于宁海、象山，江北等地有栽培；产于舟山、温州及温岭、玉环、黄岩；分布于江西、福建、湖南、香港，也常见盆栽观赏。

生境 生于海滨山坡林下、林缘和乱石堆中，也见于岩质海岸疏林下、灌草丛中。

主要用途 是制作盆景的好材料，但野生资源极稀少，应加强保护。

137 台闽算盘子 细叶馒头果

学名 *Glochidion rubrum* Bl. 科名 大戟科 Euphorbiaceae

形态特征 常绿或半常绿灌木、小乔木，高1～4m。树皮灰白色，条形薄纸状剥落；小枝无毛或被微柔毛。叶互生；叶片薄革质，倒卵状椭圆形、椭圆形，稀卵状椭圆形，长5～8cm，宽2～3cm，顶端钝尖或急尖，基部楔形至宽楔形，稀近圆形或浅心形，两侧不对称，上面亮绿色，两面无毛或下面沿脉被微柔毛，侧脉5～6对，中脉连同叶柄常紫红色；叶柄无毛或微被柔毛。花小，黄绿色，单性。蒴果扁球形，直径6～10mm，无毛。花期5～9月，果期10～11月。

地理分布 见于象山(积谷山、南田岛)；产于浙江省沿海各县(市、区)，尤以外海岛屿为常见；分布于福建、台湾；日本、印度和东南亚也有。

生境 生于海滨山坡林下、林缘、路边灌丛中、岩石旁，也见于岩质海岸灌丛中，常成为群落建群种之一或灌木层片优势种。

主要用途 耐干旱瘠薄，耐海雾，抗海风，适作滨海地区断面边坡、困难地复绿先锋树种；种子富含油脂，可供工业用。

138 柃木

学名 ***Eurya japonica*** Thunb.　　科名 山茶科 Theaceae

形态特征　常绿灌木，高 1 ～ 4m。枝叶无毛；嫩枝黄绿色或淡褐色，具 2 棱；顶芽为裸芽。叶 2 列互生；叶片革质，倒卵形或倒卵状长椭圆形，长 3 ～ 7cm，宽 1.5 ～ 3cm，顶端急尖或钝头，有微凹，基部楔形，边缘具粗钝锯齿，上面深绿色，光亮，中脉凹下，下面网脉清晰；叶柄长 2 ～ 3mm。雌雄异株；花 1 ～ 3 朵腋生；花小，白色。果实圆球形，直径 3 ～ 4mm，熟时蓝黑色。花期 10 ～ 11 月，果期翌年 5 ～ 8 月。

地理分布　见于慈溪、镇海、北仑、鄞州、奉化、宁海、象山；产于舟山、台州、温州沿海各县（市、区）大陆滨海地区及岛屿；分布于江苏（常熟虞山）；日本、韩国也有。

生境　生于海滨山坡林下、林缘、路旁，岩质海岸灌丛中，常成为林下优势层片或常绿灌丛之建群种。

主要用途　浙江省重点保护野生植物。蜜源植物；枝叶可供药用，有清热、消肿之功效；果实可作染料；耐阴性强，是优良的林下经济树种，其枝叶经加工后出口日本，供拜祭用。

139 大叶胡颓子

学名 *Elaeagnus macrophylla* Thunb. 科名 胡颓子科 Elaeagnaceae

形态特征 常绿灌木，高 2 ～ 3m，无刺。幼枝密被淡黄白色鳞片。叶互生；叶片薄革质，宽卵形至近圆形，长 4 ～ 9cm，宽 4 ～ 6cm，顶端钝或钝尖，基部圆至近心形，全缘，上面幼时被脱落性银白色鳞片，绿色，下面银白色，密被鳞片，侧脉 6 ～ 8 对，与中脉呈 60° ～ 80° 的角；叶柄长 15 ～ 25mm。花白色，1 ～ 8 朵生于叶腋短小枝上；萼筒钟形，长 4 ～ 5mm；花柱被白色星状柔毛。果实长椭圆形，被银白色鳞片，长 1.5 ～ 2cm。花期 10 ～ 11 月，果期翌年 4 ～ 5 月。

地理分布 见于慈溪、象山；产于舟山、台州、温州沿海各县(市、区)海岛；分布于江苏、山东、台湾；日本、韩国也有，在欧洲、北美的花园中习见栽培。

生境 生于海滨山坡灌丛中、疏林下、路边林缘，也见于岩质海岸灌丛中。

主要用途 叶色奇特，枝繁叶茂，花开时清香四溢，果熟时橙黄转橙红挂满枝头，适应性强，是优良的园林绿化树种；果熟时味酸甜，可鲜食，种仁也可食，具花生味。

140 普陀杜鹃

学名 ***Rhododendron simsii*** Planch. var. ***putuoense*** G. Y. Li et Z. H. Chen　科名 杜鹃花科 Ericaceae

形态特征　半常绿灌木，高 1 ～ 3m。小枝、叶柄密被亮棕褐色扁平糙伏毛。叶二型；春叶纸质，卵状椭圆形至卵状狭椭圆形，长 2.5 ～ 6cm，宽 1 ～ 3cm，先端急尖或短渐尖，基部楔形，全缘，两面均被扁平糙伏毛；夏叶较小，倒披针形，长 1 ～ 1.5cm，两面被短糙毛，冬季不凋落；叶柄长 3 ～ 5mm。花 2 ～ 6 朵簇生于枝顶；花冠淡紫色、丁香紫色，宽漏斗形，长 3.5 ～ 4cm，5 裂；雄蕊 8 ～ 10。蒴果卵圆形，长约 1cm，被糙伏毛。花期 3 月初至 4 月上旬，果期 9 ～ 10 月。

地理分布　见于慈溪、余姚、镇海、江北、北仑、鄞州、奉化、宁海、象山；产于岱山、定海、普陀及温岭。

生境　生于海滨山坡次生灌丛中、疏林下、林缘，也见于岩质海岸灌草丛中。

主要用途　花期早于映山红，花色艳丽，是滨海地区优良的观花树种；根、叶、花可供药用。

141 矮小天仙果

学名 ***Ficus erecta*** Thunb.　　科名 桑科 Moraceae

形态特征　落叶灌木，高 2 ～ 4m。全株有乳汁。小枝粗壮，具环状托叶痕，近无毛。叶互生；叶片厚纸质，倒卵形、狭倒卵形或长圆形，长 7 ～ 18cm，宽 2.5 ～ 9cm，先端急尖，基部圆形或浅心形，全缘，上面微粗糙，无毛，下面近光滑，基生脉 3 条，侧脉 5 ～ 7 对；叶柄长 1.5 ～ 4cm，无毛或疏生短糙毛。隐头花序单生叶腋，球形或近梨形，总梗长 1 ～ 2cm。隐花果直径 1 ～ 1.5cm，熟时暗红色至紫黑色，无毛。花期 4 月，果期 8、9 月。

地理分布　见于象山（北渔山、南韭山）；产于嵊泗、普陀、椒江；分布于我国台湾；日本、韩国也有。为本次调查发现的中国大陆分布新记录植物。

生境　散生于滨海山坡和岩质海岸林缘、灌丛中，外海岛屿稍常见。

主要用途　绿化观赏、水土保持、水源涵养树种；雌果熟时味甜，可鲜食；树皮纤维可造纸。

附种　天仙果（糙叶天仙果）***F. erecta*** var. ***beecheyana***，小枝、叶柄密被硬毛，叶片两面疏生柔毛，隐花果、果梗也明显被毛。见于各县（市、区）。

天仙果

142 海岛桑 日本桑 八丈桑 山桑

学名 ***Morus bombycis*** Koidz. 科名 桑科 Moraceae

形态特征 落叶灌木或乔木，高可达 10m。小枝粗壮，仅嫩时被微柔毛。叶互生；叶片厚纸质，卵形至宽卵形，长 8 ～ 20cm，宽 5 ～ 12cm，先端短锐尖，基部圆形或浅心形，上面光亮，近光滑无毛或略粗糙，下面脉上被微柔毛，边缘具不规则粗锐齿，有时 3 裂；叶柄长 1 ～ 4cm，近无毛。花序生于新梢的下部叶腋，雄花序长约 3cm；雌花序长椭圆形，具花（20 ～）60 余朵，花柱长，中部以上 2 裂，柱头具乳头状突起。果序长椭圆形，熟时淡红色或黑色，长约 2cm。花期 3 ～ 4 月，果期 5 ～ 6 月，夏季台风后，常有二度开花结果现象。

地理分布 见于象山（南田岛、南韭山、积谷山）；产于嵊泗、普陀、临海、椒江、温岭等县（市、区）的海岛上；库页岛、千岛群岛、朝鲜半岛及日本（北海道、本州、四国、九州）有分布。为本次调查发现的中国分布新记录植物。

生境 生于山坡林中、基岩海岸浪花飞溅区灌丛中、村宅旁。海拔 10 ～ 50m。

主要用途 叶可饲蚕；果味甜，可鲜食或酿酒；性强健，生长快，耐寒、耐旱、抗海雾，可用于滨海绿化。

附注 本种枝、叶形态及柱头具乳头状突起等特征与桑 *M. alba* 相似，但后者无花柱或花柱极短；具长花柱的特征又与鸡桑 *M. australis* 相似，但后者柱头被短柔毛，通常为灌木，叶片质地薄，两面连同叶柄均被粗毛，雌花序长 1 ～ 1.5cm，具花 10 ～ 13 朵。

143 椿叶花椒

学名 *Zanthoxylum ailanthoides* Sieb. et Zucc. 科名 芸香科 Rutaceae

形态特征 落叶乔木，高达15m。树干上有鼓钉状大皮刺；幼枝粗壮，髓部常中空或薄片状。1回羽状复叶互生，长25～100cm，小叶9～27，对生；小叶片纸质，叶缘具浅钝锯齿，齿缝处有半透明油点，两面散生油点，下面具灰白色粉霜。伞房状圆锥花序顶生，长10～30cm；花小，绿白色。蓇葖果淡紫红色。幼树不分枝，茎、叶柄、叶轴均密生基部扁平而直的皮刺，小叶片下面中脉疏生上弯皮刺。花期7～8月，果期10～11月。

地理分布 见于慈溪、余姚、镇海、江北、北仑、鄞州、宁海、奉化、象山；产于全省沿海各县（市、区）；分布于我国福建、江西和华南、西南部分省份；日本、韩国、菲律宾也有。

生境 生于海滨山坡林中、林缘，也见于岩质海岸林缘。

主要用途 秋色叶树种，树干布满大皮刺，树冠平顶形，适作风景区、庭院、公园栽植观赏；茎、叶、根药用；果实可作调味料；种子可榨油。

144 日本野桐 野梧桐

学名 ***Mallotus japonicus*** (Linn. f.) Müll.-Arg.　科名 大戟科 Euphorbiaceae

形态特征　落叶小乔木，常呈灌木状，高 2～5m。树皮褐色；嫩枝、叶柄和花序均密被褐色星状毛。叶互生；叶片厚纸质，宽卵形或菱状卵形，长 8～15cm，宽 5～12cm，顶端渐尖，基部圆形或宽楔形，全缘或微 3 裂，下面疏生橙红色腺点，基脉三出，基部有 2 腺体；叶柄长 3～8cm。雌雄异株；总状花序下部常具 3～5 分枝，长 8～20cm。蒴果球形，直径 6～8mm，密被软刺和红色腺点。花期 5～6 月，果期 8～10 月。

地理分布　见于慈溪、余姚、镇海、江北、北仑、鄞州、奉化、宁海、象山；产于全省沿海各县（市、区）；分布于江苏、福建、台湾；日本也有。

生境　常片状生于滨海山坡林中，也见于岩质海岸灌丛中，偶见于滨海平原村宅旁、堤岸，是海岛次生落叶阔叶林、落叶灌丛的主要建群种。

主要用途　适应性强，耐干旱瘠薄，抗海雾、海风，生长迅速，是滨海地区优良的水土保持林、水源涵养林树种；嫩叶猩红色，秋叶金黄，是优良的春、秋色叶树种；纤维和油料树种。

145 雁荡三角枫

学名 ***Acer buergerianum*** Miq. var. ***yentangense*** Fang et Fang f. 科名 槭树科 Aceraceae

形态特征 落叶灌木或小乔木，高 2 ～ 5m。树皮薄片状剥落。叶对生；叶片轮廓卵圆形或宽卵形，长约 3cm，宽一般不超过 3.5cm，上半部 3 裂，裂片三角形至三角状卵形，几等大，先端尖至短渐尖，全缘，叶背具白粉。翅果张开呈钝角或近直角，翅果长 1.5 ～ 1.8（～ 2）cm。花期 4 月，果期 10 月。

地理分布 见于余姚、北仑、鄞州、奉化、宁海、象山；产于定海、普陀、三门、天台、仙居、乐清、永嘉。

生境 生于海滨山坡林中、林缘，也见于岩质海岸潮上带石缝。

主要用途 耐干旱瘠薄，抗海风、海雾，叶小形美，秋叶红色，是优良的园林绿化树种，适作园景树、石景点缀、盆栽。

岩质海岸植物
泥质海岸植物
砂质海岸植物
咸水水域植物
滨海丘陵植物

146 东瀛四照花

学名 ***Dendrobenthamia japonica*** (Sieb. et Zucc.) Hutch. 科名 山茱萸科 Cornaceae

形态特征 落叶小乔木或灌木，高2～7m。树皮不规则斑块状剥落；小枝纤细，微被灰白色细柔毛。叶对生；叶片纸质或厚纸质，卵形或卵状椭圆形，长4～8cm，宽2～4cm，先端渐尖，基部宽楔形或圆形，上面绿色，疏生白色细伏毛，下面淡绿色，密被白色细伏毛，脉腋簇生黄褐色绢状毛，侧脉4～5对，弧状弯曲，叶缘常波皱；叶柄长5～10mm。头状花序球形；总苞片4，白色，卵形或卵状披针形；花萼4浅裂，内侧微被白色短柔毛。果序球形，熟时橙红色或暗红色。花期5～6月，果期8～9月。

地理分布 见于北仑、奉化、宁海；产于定海、普陀（桃花岛对峙山）；朝鲜半岛及日本也有。为本次调查发现的中国分布新记录植物。

生境 生于丘陵山地的山坡、山顶、沟谷溪边林中或岩隙旁。

主要用途 叶、花和果俱美，为优良的园林绿化植物；果肉多汁，味甜，可鲜食或供酿酒；木材供制作小件用具。

147 黑松 洋松

学名 ***Pinus thunbergii*** Parl. 科名 松科 Pinaceae

形态特征 常绿乔木，在原产地高达 30m，胸径达 2m。树皮灰黑色，粗厚，裂成块状片脱落；大枝粗而轮生，小枝橙黄色，无毛；冬芽银白色。叶 2 针一束，深绿色，粗硬，长 6 ～ 12cm，树脂道 6 ～ 11 个，中生。球果圆锥状卵圆形，长 4 ～ 6cm，直径 3 ～ 4cm；鳞盾肥厚，横脊明显，鳞脐微凹，有短尖刺；种子灰褐色，倒卵状椭圆形，翅长 1.5 ～ 1.8cm。花期 4 月，球果 10 月成熟。

地理分布 原产于日本及朝鲜半岛南部海岸地区；慈溪、余姚、镇海、江北、北仑、鄞州、奉化、宁海、象山有栽培；我国辽宁、山东、江苏沿海地区及江西、湖北、北京、云南均有引种。

生境 大陆海岸地区、海岛丘陵的面海山坡，也见于海滨沙滩潮上带、风成沙丘上。

主要用途 绿化观赏、水土保持、水源涵养树种，尤其适合于浙北大陆海岸及岛屿地区；材用和薪炭树种，也可作为日本五针松 *P. parviflora* 嫁接之砧木。

148 普陀樟 普陀桂

学名 ***Cinnamomum japonicum*** Sieb. var. ***chenii*** (Nakai) G. F. Tao 科名 樟科 Lauraceae

形态特征 常绿乔木，高达13m，胸径50cm。树皮黄灰色，平滑不裂；小枝绿色，嫩时具钝棱。叶对生或近对生，革质，叶片卵形至长卵形，长5～12cm，宽2～5cm，先端急尖或钝尖，基部楔形至近圆形，全缘，边缘波皱，上面深绿色，光亮，离基三出脉；叶柄上面具凹槽。圆锥花序生于新枝下部苞腋或叶腋；花小，黄绿色。果序梗粗扁，长2.5～7.5cm；果长圆形，长约1.3cm，直径约1cm，熟时蓝黑色，有光泽。花期5～6月，果期11～12月。

地理分布 见于象山(半边山、南韭山、蚊虫山、积谷山、檀头山、铜头岛)，宁波市各县(市、区)引种栽培；产于嵊泗、普陀；分布于上海(大金山岛)。

生境 生于海滨山坡林中，也见于岩质海岸岬角岩壁。

主要用途 国家Ⅱ级重点保护野生植物。木材坚实、耐水湿、有香气，为建筑、造船、家具等优良用材。其树冠浓郁，叶色光亮，为优良的绿化观赏、鸟嗜树种；耐干旱、瘠薄，抗风力强，适应性广，适于沿海山地造林。

149 红楠 钓樟

学名 ***Machilus thunbergii*** Sieb. et Zucc. **科名** 樟科 Lauraceae

形态特征 常绿乔木。枝圆形，无毛。芽鳞多数，内部被黄褐色绵毛。叶倒卵形、椭圆形或宽倒披针形，革质，上面有光泽，先端急尖或突尖，基部楔形，羽状脉，长 8～15cm，宽 3～7cm，下面细脉稍隆起，叶柄长 2～3cm。花序无毛，花梗短。花被片长 5～7mm，狭长椭圆形，内面被褐色柔毛。果球形，直径约 10mm，黑紫色。

地理分布 见于慈溪、余姚、镇海、北仑、鄞州、奉化、宁海、象山；产于定海、普陀和台州、温州沿海及岛屿；分布于山东（崂山）、江苏（连云港）、台湾；日本、韩国也有。

生境 生于海滨山坡林中。

主要用途 耐干旱、瘠薄，抗风力强，适应性广，适于沿海山地造林；树冠层片清晰，叶质厚而浓绿光亮，嫩叶、果序梗为鲜红色，是优良的园林绿化观赏、鸟嗜树种；叶、果可提取芳香油；种子油可制作肥皂和润滑油；树皮入药，有舒筋活络之效。

150 舟山新木姜子 佛光树 男刁樟

学名 ***Neolitsea sericea*** (Bl.) Koidz. **科名** 樟科 Lauraceae

形态特征 常绿乔木，高达10m，胸径达30cm；树皮平滑。嫩枝密被脱落性金黄色丝状柔毛。叶互生；叶片椭圆形至披针状椭圆形，革质，长6.6～20cm，宽3～4.5cm，先端钝，幼叶密被金黄色绢毛，老叶上面毛脱落而呈亮绿色，下面粉绿色，伏贴黄褐绢毛，离基三出脉；叶柄长2～3cm，颇粗壮，密被脱落性金黄色丝状柔毛。伞形花序簇生叶腋或枝侧，无总梗；每一花序有花5朵；花小，黄色。果球形，直径约1.3cm，熟时由橙黄色转橙红色，光亮。花期9～10月，果期翌年11月至第3年3月。

地理分布 见于北仑、鄞州、宁海、象山，宁波市各县（市、区）有引种栽培；产于普陀、定海；分布于上海（崇明岛）、台湾；日本、韩国也有。

生境 生于海拔300m以下山坡阔叶林中或林缘。

主要用途 国家Ⅱ级重点保护野生植物。木材有香气，纹理美观，为高级家具材料。春梢嫩叶金黄色，严冬绿叶丛中红果累累，鲜艳夺目，是优良的观叶、观果树种。

151 台湾蚊母树

学名 ***Distylium gracile*** Nakai　　科名 金缕梅科 Hamamelidaceae

形态特征　常绿小乔木，高达 10m。树皮灰褐色。嫩枝被脱落性褐色星状毛；芽裸露，有褐色星状毛。叶互生，革质；叶片宽椭圆形，无毛，长 2 ～ 3.5cm，宽 1.5 ～ 2.5cm，先端钝或微尖，基部宽楔形，全缘或近先端每侧具 1 ～ 2 小齿突，上面深绿色，下面淡绿色，侧脉 3 ～ 4 对；叶柄长 2 ～ 4mm，被星状毛。总状花序腋生。蒴果卵球形，长约 1cm。花期 10 ～ 11 月，果期翌年 4 ～ 10 月。

地理分布　见于鄞州（天童太白山）、象山（南田岛、蚊虫山），慈溪有栽培；产于普陀；分布于台湾。

生境　生于山坡、山脊林中、林缘及灌丛中，也见于岩质海岸灌丛中。

主要用途　枝叶茂密，叶质厚而光亮，适作绿篱、园景树。

152 琉球虎皮楠 兰屿虎皮楠

学名 ***Daphniphyllum luzonense*** Elmer　　科名 虎皮楠科 Daphniphyllaceae

形态特征　常绿灌木或小乔木，高 1 ～ 5m；全体无毛。小枝粗壮，当年生枝条直径约 0.6cm，二年生枝条直径约 1.1cm，具片状髓心，托叶痕密集。单叶互生，常聚集于枝顶；叶片厚革质，矩圆形或长椭圆形，长 4.5 ～ 8.2cm，宽 2.0 ～ 3.5cm，边缘显著翻卷，全缘，先端钝尖，基部近圆形，正面具光泽，背面粉绿色，具细小乳头状突起，侧脉两面隆起，9 ～ 12 对，网脉明显；叶柄粗壮，长 1.4 ～ 2.6cm。总状花序腋生；花单性异株。果序长 3.5 ～ 5.5cm，果梗长约 1cm，基部有关节；核果椭圆球形，长约 1cm，直径约 0.7cm，熟时紫褐色，具微颗粒状突起，宿存花柱长约 1mm，柱头 2 裂；内果皮黑色，表面具不规则瘤突，长约 9mm，宽约 6mm，基部急缩呈短柄状。花期 4 月，果期 10 ～ 11 月。

地理分布　见于象山铜山岛；产于普陀（洛珈山、桃花岛）、温岭（竹山岛）；分布于台湾（兰屿）；琉球群岛也有。为本次调查发现的中国大陆分布新记录植物。

生境　生于海滨山坡灌丛中、林中，岩石海岸石缝中，是滨海常绿灌丛的建群种之一。

主要用途　株型紧凑，枝叶密集，叶色亮绿，适作滨海地区绿化、海岸水土保持林造林。

153 全缘冬青

学名 ***Ilex integra*** Thunb. 科名 冬青科 Aquifoliaceae

形态特征 常绿小乔木，高达 9m。树皮灰色；枝叶无毛；小枝粗壮。叶互生；叶片厚革质，倒卵形或椭圆形，长 4 ~ 7cm，宽 2 ~ 3.5cm，先端圆钝或具突尖，通常全缘，中脉在上面微凹，侧脉不甚明显。花序簇生叶腋，雄花聚伞状或伞形状，雌花为簇生或单生；花绿白色。核果球形，熟时红色，直径 1 ~ 1.3cm，果梗长达 1cm，分核 4 粒，近圆形。花期 4 月，果期 9 ~ 11 月。

地理分布 见于象山（松兰山、对面山、南田岛、花岙岛、檀头山、铜头岛、南韭山、蚊虫山、积谷山），鄞州等地有栽培；产于岱山、普陀、临海、温岭、玉环、洞头；分布于上海（崇明岛、佘山岛）、福建、台湾；朝鲜半岛及日本也有。

生境 生于海滨山坡疏林、混交林及灌丛中，也见于岩质海岸灌丛中。

主要用途 耐干旱瘠薄，抗海风、海雾，叶色葱绿鲜亮，果红艳美丽，是海滨丘陵优良的绿化观赏树种。浙江省重点保护野生植物。

154 海岸卫矛

学名 ***Euonymus tanakae*** Maxim.　　科名 卫矛科 Celastraceae

形态特征　常绿乔木或灌木，高达10m。枝叶无毛；小枝圆柱形，绿色；冬芽宽卵球形，芽鳞多轮，排列成较整齐的6列。叶轮生或对生；叶片薄革质，倒卵形、倒卵状矩圆形或狭长椭圆形，长3～15cm，宽2～6cm，上面暗绿色，先端急尖至短渐尖，基部楔形，边缘具细钝锯齿；叶柄长1～2cm。聚伞花序生于枝端叶腋；花绿白色，直径约1.3cm。蒴果近球形，直径约1.5cm，具明显4翅棱。种子黑色，具橙红色假种皮。花期6～7月，果期11～12月。

地理分布　见于镇海、奉化、宁海、象山；产于嵊泗、岱山、普陀、椒江、温岭、玉环、苍南；分布于台湾(台东)；日本九州南部及琉球群岛也有。

生境　生于海岸附近海拔5～50m山坡林中，也生于岩质海岸潮上带石缝和滨海平原水沟边、村宅旁。

主要用途　既耐干旱瘠薄又耐水湿，抗海风、海雾，寿命长，秋叶红色，经久不凋，是优良的秋色叶树种；材质细腻，可供雕刻等工艺用。

155 红山茶 山茶花 日本红山茶

学名 ***Camellia japonica*** Linn. 科名 山茶科 Theaceae

形态特征 常绿灌木或小乔木，高 1 ～ 9m。枝叶无毛；小枝红褐色。叶互生；叶片革质，椭圆形或卵状椭圆形，长 6 ～ 12cm，宽 3 ～ 7cm，先端急尖或渐尖，上面深绿色，光亮，下面全面散生均匀的木栓疣，侧脉清晰，边缘具锯齿。叶柄长 8 ～ 15mm。花顶生，无柄；苞片及萼片共 9 ～ 13，花后脱落；花瓣红色，5 ～ 7 瓣；雄蕊 3 轮，花丝白色，花药黄色；子房无毛。蒴果球形，直径 3 ～ 4cm。花期 3 ～ 4 月，果期 9 ～ 10 月。

地理分布 见于北仑、宁海、象山；产于嵊泗、定海、普陀、临海、玉环；分布于山东、上海（佘山岛）、台湾；日本也有。

生境 生于滨海山坡林中、林下，岩质海岸悬崖峭壁。

主要用途 浙江省重点保护野生植物。著名的观赏树种，国内各地广泛栽培，品种繁多；花有止血功效；油料和蜜源树种。

156 日本女贞

学名 ***Ligustrum japonicum*** Thunb. 科名 木犀科 Oleaceae

形态特征 常绿小乔木或灌木，高 3 ～ 5m。单叶对生，叶片厚革质，椭圆形或宽卵状椭圆形，先端急尖或渐尖，基部宽楔形至圆形，全缘，上面深绿色，光亮，下面黄绿色，具不明显腺点，两面无毛。圆锥花序顶生，无毛；花小，白色，花冠 4 裂；雄蕊 2。核果长圆形，直立，紫黑色，外被白粉。花期 6 月，果期 11 ～ 12 月。

地理分布 仅见于象山韭山列岛，在蚊虫山有以其占优势形成的群落，慈溪、北仑、奉化等地有栽培；产于舟山；我国各地常有栽培；日本、韩国也有。

生境 生于低海拔的山坡、山沟阔叶林中或灌丛中。

主要用途 浙江省重点保护野生植物。中国大陆与日本、韩国间断分布种，我国仅分布于浙江，对研究三地植物区系关系有学术价值。重要的园林观赏树；种子是强壮剂；叶捣烂可敷治肿毒。

157 日本珊瑚树 法国冬青

学名 ***Viburnum odoratissimum*** Ker-Gawl. var. ***awabuki*** (K. Koch) Zabel ex Rümpl. 科名 忍冬科 Caprifoliaceae

形态特征 常绿小乔木，常呈灌木状。小枝粗壮；叶对生或轮生；叶片厚革质，倒卵状长圆形至长圆形，长 6 ~ 16cm，宽 3 ~ 6cm，先端钝或钝尖，基部宽楔形，边缘具波状粗钝锯齿，下面脉腋有小孔，侧脉 6 ~ 8 对；叶柄棕褐色，长 1.5 ~ 3.5cm。圆锥花序宽大；花白色，芳香。果实椭圆形，红色后转黑色。花期 5 ~ 6 月，果期 8 ~ 11 月。

地理分布 原产于浙江（普陀）、台湾；日本也有；栽培于宁波市各县（市、区）；华东多数省份均有栽培。

生境 栽培于海岛山坡营房、村宅旁，各城镇公园、庭院，也见于道路、堤岸。

主要用途 叶色浓绿光亮，花色洁白，果实红艳，抗煤烟、粉尘，对 SO_2、Cl_2 具有较强的抗性及吸收能力，是优良的园林绿化、防护林带造林树种；耐火力强，适作山麓防火林带造林配置树种；材用树种，木材纹理致密。

参 考 文 献

专著部分

陈汉斌 . 1990 ～ 1997. 山东植物志（上、下卷）. 青岛 : 青岛出版社 .

陈征海，孙孟军 . 2015. 浙江省常见树种彩色图鉴 . 杭州 : 浙江大学出版社 .

池方河，陈征海 .2015. 玉环木本植物图谱 . 杭州 : 浙江大学出版社 .

《福建植物志》编写组 . 1982 ～ 1994. 福建植物志（1 ～ 6 卷）. 福州 : 福建科学技术出版社 .

高瑞卿，伍淑惠，张元聪 . 2010. 台湾海滨植物图鉴 . 台北 : 晨星出版社 .

广东省植物研究所 . 1974 ～ 1977. 海南植物志（第三、四卷）. 北京 : 科学出版社 .

《河北植物志》编辑委员会 . 1986 ～ 1991. 河北植物志（1 ～ 3 卷）. 石家庄 : 河北科学技术出版社 .

江苏省植物研究所 . 1977. 江苏植物志（上册）. 南京 : 江苏人民出版社 .

江苏省植物研究所 . 1982. 江苏植物志（下册）. 南京 : 江苏人民出版社 .

李根有，陈征海，桂祖云 . 2013. 浙江野果 200 种精选图谱 . 北京 : 科学出版社 .

李根有，陈征海，项茂林 . 2012. 浙江野花 300 种精选图谱 . 北京 : 科学出版社

李根有，陈征海，杨淑贞 . 2011. 浙江野菜 100 种精选图谱 . 北京 : 科学出版社 .

南京中医药大学 . 2006. 中药大辞典 . 上海 : 上海科学技术出版社 .

秦松 . 2013. 中国海岸带植物资源 . 济南 : 山东科学技术出版社 .

王冬米，陈征海 . 2010. 台州乡土树种识别与应用 . 杭州 : 浙江科学技术出版社 .

徐炳声 . 1999. 上海植物志（上、下卷）. 上海 : 上海科学技术文献出版社 .

张若蕙 . 1994. 浙江珍稀濒危植物 . 杭州 : 浙江科学技术出版社 .

赵可夫，冯立田 . 2001. 中国盐生植物资源 . 北京 : 科学出版社 .

浙江省卫生局 . 1970. 浙江民间常用草药（一、二、三集）. 杭州 : 浙江人民出版社 .

《浙江药用植物志》编写组 . 1980. 浙江药用植物志（上、下卷）. 杭州 : 浙江科学技术出版社 .

《浙江植物志》编委会 . 1989 ～ 1993. 浙江植物志（共 8 卷）. 杭州 : 浙江科学技术出版社 .

郑朝宗 . 2005. 浙江种子植物检索鉴定手册 . 杭州 : 浙江科学技术出版社 .

中国科学院华南植物研究所 . 1965 ～ 1984. 海南植物志（第一、二卷）. 北京 : 科学出版社 .

中国科学院华南植物园（研究所）. 1987 ～ 2011. 广东植物志（1 ～ 10 卷）. 广州 : 广东科技出版社 .

中国科学院南沙综合科学考察队 . 1996. 南沙群岛及其邻近岛屿植物志 . 北京 : 海洋出版社 .

中国科学院《中国植物志》编写组 . 1961 ～ 2002. 中国植物志（5，7 ～ 80 卷）. 北京 : 科学出版社 .

钟赣生 . 2012. 中药学 . 第九版 . 北京 : 中国中医药出版社 .

Huang T C. 1993 ～ 2000. Flora of Taiwan. 2nd. ed. Vol. Ⅰ～Ⅴ .Taipei:Editorial Committee of the Flora of Taiwan.

IUCN. 2000. IUCN Red List Categories and Criteria version 3.1. Switzerland Gland:IUCN.

Makino T. 1956. An Illustrated Flora of Japan, with the Cultivated and Naturalized Plants（enlarged ed.）. Tokyo:Hokuryukan.

Ohwi J. 1956 .Flora of Japan. Tokyo:Shibundo.

Ohwi J. 1965. Flora of Japan. Washington:Smithsonian institution.
Wu Z Y, Raven P H, Hong D Y. 1994 ～ 2013. Flora of China（Vol. 2 ～ 25）. Beijing:Science Press /St. Louis: Missouri Botanical Garden.

论文部分

毕君，赵京献，王春荣，等 . 2002. 国内外花椒研究概况 . 经济林研究，20（1）:46-48.
陈霄鹏，吕瑞娥 . 2005. 日本无刺花椒的组培快繁技术 . 林业实用技术，9:23-25.
陈勇，阮少江 . 2009. 福建省种子植物分布新记录 . 亚热带植物科学，38（2）:57-59.
陈征海，李根有，魏以界，等 . 1993. 浙南植物区系新资料 . 浙江林学院学报，10（3）:346-350.
陈征海，唐正良，王国明，等 . 1995.《浙江植物志》拾遗 . 浙江林学院学报，12（2）:198-209.
邓培雁，雷远达，曾宝强 . 2011. 川蔓藻的重要生态服务功能评述 . 生态经济，9:171-173.
杜兴臣，李培樱，关法春 . 2009. 碱蓬保护地设施高效栽培技术 . 吉林农业科学，34（1）:52-53.
谷陟欣，刘宇婧，颜冬兰，等 . 2011. 裸花紫珠、大叶紫珠和广东紫珠的研究进展 . 中国医药导报，8（29）:11-12.
冷欣，王中生，安树青，等 . 2005. 岛屿特有种全缘冬青遗传多样性的 ISSR 分析 . 生物多样性，13（6）:546-554.
李根有，陈征海，胡军飞，等 . 2010. 发现于浙江普陀山岛的 2 个植物新变种（English）. 浙江林学院学报，27（6）:908-909.
李根有，陈征海，颜福彬，等 . 2006. 采自温岭的浙江分布新记录植物 . 浙江林学院学报，23（5）:592-594.
李根有，陈征海，颜福彬，等 . 2007. 产于浙江温岭的百合属一新变种——巨球百合 . 浙江林学院学报，24（6）:767-768.
李根有，陈征海，仲山民，等 . 2001. 华东植物区系新资料 . 浙江林学院学报，18（4）:371-374.
李宏庆，钱士心 . 2001. 上海植物区系新资料（V）. 华东师范大学学报（自然科学版），（4）:107-109.
李宏庆，钱士心 . 2001. 苏皖种子植物地理分布新记录 . 植物研究，21（1）:9-10.
李志生，林原，陈躬国，等 . 2006. 台湾爱玉子引种与种植技术 . 中国林副特产，（1）:15-17.
刘建强，马丹丹，胡冬冬，等 . 2010. 中国大陆植物分布新记录种——菱叶常春藤 . 浙江林业科技，30（2）:95-96.
刘鹏，姚一林，陈立人 . 2000. 浙江省芳香植物资源的分布及利用 . 浙江师大学报（自然科学版），23（1）:51-56.
马丹丹，金水虎，胡军飞，等 . 2011. 发现于普陀山的植物区系新资料 . 浙江大学学报（理学版），38（2）:215-217.
潘立新，郑朝贵，张献广 . 2001. 滁州野韭菜的开放利用 . 特种经济动植物，（4）:30.
钱士心，冯志坚 . 1993. 上海植物区系新资料 . 华东师范大学学报（自然科学版），（2）:106-108.
青梅，王晓琴，杨慧，等 . 2011. 蒙药短毛独活的生药学研究 . 内蒙古医学院学报，33（2）:138-140.

裘宝林，陈征海，张晓华 . 1994. 见于浙江的中国及中国大陆新记录植物 . 云南植物研究，16（3）:231-234.

孙游云，丁炳扬，王巨安，等 . 2011. 宁波慈溪水生维管束植物新资料 . 安徽农业科学，39（5）:2533-2534.

田旗，陈勇，马炜梁 . 2002. 福建种子植物地理分布新记录 . 植物研究，22（1）:4-5.

万志刚 . 1999. 江苏种子植物新记录种 . 华东师范大学学报（自然科学版），（3）:107-108.

王超，赵京献，毕君，等 . 2005. 日本花椒的引种试验 . 林业科技开发，19（3）:46-48.

王凯，王景宏，洪立洲，等 . 2009. 碱蓬在江苏沿海地区高产栽培技术的研究 . 中国野生植物资源，28（5）:63-65.

吴文珊，林玮，林原，等 . 2008. 爱玉子瘦果的营养成分研究 . 福建师范大学学报（自然科学版），24（6）:84-88.

熊先华，吴庆玲，陈贤兴，等 . 2013. 浙江省植物分布 2 新记录属和 5 新记录种（English）. 浙江大学学报（农业与生命科学版），39（6）:695-698.

熊小萍，向继云，鲁才员，等 . 2011. 余姚野生兰花种质资源调查 . 浙江林业科技，31（4）:35-39.

杨保华，官春云，陈剑虹 . 2004. 篦齿眼子菜、沼生水马齿对汞的耐受性与浓缩性研究 . 湖南有色金属，20（2）:36-38.

杨永川，达良俊 . 2005. 上海乡土树种及其在城市绿化建设中的应用 . 浙江林学院学报，22（3）:286-290.

葉慶龍，錢亦新，廖春芬，等 . 2010. 小蘭嶼植物相調查 . 國家公園學報，20（2）:25-33.

于海芹，张天柱，魏春雁，等 . 2005.3 种碱蓬属植物种子含油量及其脂肪酸组成研究 . 西北植物学报，25（10）:2077-2082.

张幼发，李修鹏，陈征海，等 . 2014. 发现于宁波的浙江省植物新记录科——田葱科 . 浙江农林大学学报，31（6）:990-991.

张幼发，李修鹏，陈征海，等 . 2014. 中国樟科植物一新记录种——圆头叶桂 . 热带亚热带植物学报，22（5）:453-455.

赵琦，张军武 . 2010. 短毛独活抗风湿性关节炎的药效学研究 . 吉林中医药，30（9）:816-818.

Maximowicz C J. 1875. Diagnoses plantarum novarum Japoniae et Mandshuriae. Bulletin de l'Academie Imperiale des Sciences de St-Petersbourg，20:461.

Koidzumi G. 1916. Decades plantarum novarum vel minus cognitarum. The Botanical Magazine，30（358）:326.

Kim G Y，Kim J Y，Ganf G G，et al. 2013. Impact of over-wintering waterfowl on tuberous bulrush（*Bolboschoenus planiculmis*）in tidal flats. Aquatic Botany，107:17-22.

Yoon W J，Moon J Y，Song G，et al. 2010. Artemisia fukudo essential oil attenuates LPS-induced inflammation by suppressing NF-kappaB and MAPK activation in RAW 264.7 macrophages. Food and Chemical Toxicology，48（5）:1222-1229.

其他

马丹丹 . 2007. 野生花境植物的引种繁育与园林应用研究 . 浙江林学院硕士学位论文 .

Flora Base –the Western Australian Flora. 1993. *Parapholis incurve*（L.）C.E.Hubb. http://florabase.dpaw.wa.gov.au/browse/profile/516 [2015-8-26].

中文名索引

拉丁名索引